KB081662

보이지 않는 마음과
놀이가 만나는 시간

내 아이 감정 놀이

아이와 함께 읽고, 생각하고, 놀자!

보이지 않는 마음과
놀이가 만나는 시간

내 아이 감정 놀이

신주은 지음

프/롤/로/그

배움에 바쁜 아이들, 감정도 배우고 있을까?

"이제야 속이 시원해요!"

그림책을 보며 아이가 속마음을 털어놓던 날 했던 말입니다. 왜인지 그 말을 하는 아이의 표정이 평소와 달라 보였습니다. 그동안 한 번도 보지 못했던 아이의 표정이라 신기한 기분마저 들었지요. 어떻게 말해야 할지 몰라 망설이다 자신의 진심을 툭 던져놓고 나서야 개운하게 웃는 아이를 보며 생각했습니다. 지금과 같은 표정이 아이를 앞으로 건강하게 이끌어줄 힘이 분명하다고 말이에요.

아이가 영어를 모국어처럼 배울 수 있도록 육아의 온 에너지를 영어에 쏟을 때가 있었습니다. 마치 앞으로 아이가 겪게 될 많은 경험 속에서 영어가 능숙하다면 제 앞에 닥친 어려움들을 잘 헤쳐나갈 수 있을 거라고 기대한 듯이 말이죠. 그런데 마음을 터놓은 뒤 웃는 아이의 모습을 보니 지금 아이에게 필요한 것은 능숙한 영어가 아니라 마음을 이해하고 표현해보는 경험이라는 것을 알게 되었습니다.

'어떻게 마음을 표현하도록 도울까?'라는 고민을 시작했습니다. 그림책을 보며 속마음을 털어놓던 아이의 마음을 따라가며 몇 권의 그림책을 다시 읽어보았지요. 그러자 그림책이 조금은 다르게 보이더라고요. 예전에 내가 겪어본 적 있던 일, 나를 닮은 캐릭터 등이 그림책 속에 있었습니다. 이렇게 쉬운 말과 그림, 그리고 여러 가지 상황을 보여주는 그림책이라면 보이지 않는 마음을 자연스럽게 짚어볼 수 있을 거라는 기대가 생겼습니다.

새로운 마음으로 그림책을 보게 되면서 그림책에서 나오는 이야기를 내 이야기로 바꾸어 아이에게 들려주었습니다. 아이도 덩달아 말을 보태며 호응하니, 그림책 한 권에 아이와 나의 대화가 단단하고 밀도 있게 쌓여갔습니다. 마음속에 묵혀두었던 모호한 감정들을 대화로 풀어내니 마음이 정리되면서 시원한 위로를 받은 것처럼 개운함이 느껴졌고, 그 시간이 참 다정하고 좋았습니다. '나와 아이가 이렇게 속마음을 주고받던 때가 있었나?' 하는 생각에 새삼 이 시간이 귀하게 느껴지기도 했고요.

그 순간이 짧은 한때로 끝나지 않고 오래 기억되었으면 하는 바람에 '놀이'에 대한 아이디어가 하나씩 만들어졌고, 우리의 대화는 점점 몸을 움직이며 나누는 대화가 되었습니다.

아이와 처음으로 나누었던 놀이가 기억납니다. 마음과 친해져 보자는 의미로 마음 친구들의 모습을 비정형 모양으로 하나씩 만들어보는 놀이였는데, 그 과정에서 몰랐던 아이의 마음이 드러났지요. 동생을 안아주는 엄마를 보면 마음에 뾰족한 가시가 생기는 기분이 든다고 말하는 아이. 놀이가 아니었다면 몰랐을 아이의 마음이었습니다. 아이가 털어놓은 그 마음을 직접 모양으로 만들어보고, 또 마음을 위로하기 위한 놀이를 고민하다 보니 다음으로 해야 할 놀이도 자연스럽게 만들어졌습니다.

놀이를 하나씩 끝낼 때마다 편안하고 개운한 웃음을 내보였던 아이. 그 표정에 마음이 끌려 '마음 친구들' 외에도 아이의 마음을 어루만질 수 있는 '놀이'들을 찾아보기 시작했지요. 그렇게 마음을 놀이로 만나는 시간이 점점 늘어났습니다.

화를 내는 아이, 무서움을 알게 된 아이, 짜증을 내는 아이를 위해 나누고 싶은 이야기들을 '놀이'로 확장해보니 그 어떤 '말'보다 효과가 있음을 실감했습니다. 말로 주고받는 대화보다 눈으로 보고, 귀로 듣고, 손으로 만들고, 냄새를 맡고, 맛보는 통합적 경험을 하니 머리가 아닌 몸이 기억하는 경험이 되기 때문입니다.

"멋진 집에 살아야 멋진 사람이 아니라, 자기가 자기인 것이 멋진 사람이에요. 자기를 단정하게 해야 하고, 자기를 잘 키워주고, 자기를 많이 예뻐해주는 것이 자기가 자기인 것이에요."

어느덧 자신을 아끼고 사랑해야 한다고 말할 줄 아는 일곱 살 아이를 보며 아이의 성장에서 무엇보다 중요한 배움이란 보이지 않는 마음을 분명하게 하면서 나를 이해하는 경험이라는 생각이 듭니다. 내 마음을 이해할 수 있는 힘이야말로 일상에서 마주친 불편함을 있는 그대로 마주하고, 균형을 찾으며, 성장할 수 있는 원동력이라 믿기 때문이지요.

동네를 도는 노란색 차량들과 그 속에 타고 있는 아이들의 모습이 눈에 띕니다. 좋은 학습을 위해 좋은 책을 사고, 좋은 학원, 좋은 선생님을 고르는 것처럼 내 마음을 이해하고 살피는 일도 함께 배우며 자랐으면 좋겠습니다. 어려운 수학 문제를 풀기 위해 고민하듯 나와 친해지기 위한 고민도 꾸준히 해보면서 말이지요. 아이들이 건강한 몸과 마음으로 자라기를 응원합니다.

신주은

PART 03

이럴 때 딱 알맞은 감정 놀이

PART 04

아이의 내일에 힘을 실어줄 감정 놀이

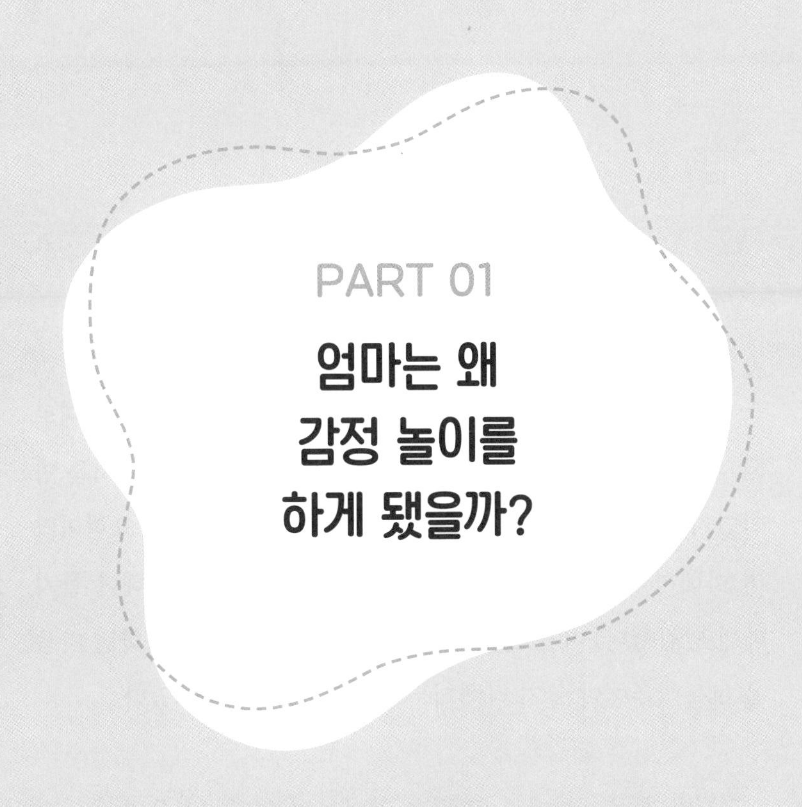

PART 01

엄마는 왜 감정 놀이를 하게 됐을까?

아이의 불편한 감정이 어려운 엄마

"에고, 잘 안 돼서 그래? 그래도 위험하니까 던지지 말자."

아이가 네 살쯤 되었을 때다. 아이는 무언가 자신의 마음대로 되지 않으면 들고 있는 장난감을 던지곤 했다. 아직 말이 서툰 아이였기에 물건을 던지는 행동이 '화가 났다'는 나름의 표현이라며 이해하려 했지만, 행동이 반복될수록 어떻게 반응해야 할지 매번 난감했다. 어떤 말을 해줘야 할지, 어떻게 아이의 화난 마음을 보듬어주어야 할지 나에게는 너무나 어려운 과제였다.

그때마다 육아서에서 그 답을 찾아보려 했다. 한 유명 육아서에는 화가 난 아이의 마음에 공감해주되 던지는 행동은 위험하다는 것을 알려줘야 한다고 했다. 그런데 고개를 끄덕이며 책 내용을 읽으면서도 의문이 풀리지 않았다.

'화난 마음을 그대로 읽어준다고 해서 마음이 풀리나? 바로 문제를 해결해주어야 하는 건 아닐까?'

아이가 여섯 살이 되던 해, 여전히 나는 아이의 화난 마음과 어설픈 줄다리기를 하고 있었다. 어쩌면 아이가 조금 더 크면 나아질 것이라는 막연한 기대를 하고 있었던 것인지도 모르겠다. 그 사이 아이에겐 세 살 차이의 동생이 태어났고, 동생이 걷고 말하기 시작하면서 아이들끼리 물건을 두고 서로 내 것이라며 다투는 날들이 많아졌다. 가정보육 기간이 길었던 아이가 그즈음 첫 유치원 생활도 시작했으니 아이 입장에서는 여러모로 낯설고 어려운 일들을 동시에 겪고 있는 셈이었다.

불편한 일들을 마주하며 어떻게 해야 할지 몰라 망설이는 아이의 모습이 보였다. 그 모습을 보면서 엄마인 나의 역할을 고민했다. 아이 마음에 어떻게 공감하면 좋을지, 아이에게 어떤 말을 건네면 좋을지에 대한 답을 찾는 일이 내게 너무나 어려운 일이었다. 그 고민 속에 지난날의 내 모습이 떠올랐다. 불편한 감정을 어떻게 해야 할지 몰라 우왕좌왕하다 어물쩍 덮어버리거나 불쑥 화를 냈던 때, 감정을 마주하는 방법을 배운 적도 없고, 배워야 하는 건지도 몰랐던 때. 이제는 막연하게 점점 나아질 것이라며 기다리기에는 마음이 불편하고 무거워졌다.

엄마표 영어를 잠시 미루기로 했다

"엄마, 이거 보세요. 걱정 주머니예요."

어느 날 아이가 종이를 꼬깃꼬깃 구겨 주머니를 만들어 왔다. 《걱정 상자》라는 그림책을 보고 만들었다고 했다. 걱정 주머니라니. 혹시 주머니에 담고 싶은 걱정이라도 있는 건가 싶어 아이에게 물으니 아이가 대답을 머뭇거렸다. 무슨 걱정이기에 뜸을 들이나 싶어 기다리는데, 잠시 뒤 아이가 걱정 주머니를 입에 대고 소리쳤다.

"동생 돌보기 너무 힘들어!"

나름대로 첫째 아이에게 신경을 쓴다고 했는데, 아무래도 동생에게 쏟아지는 관심에 서운함을 느낀 모양이었다. 미안한 마음을 어떻게 전하면 좋을까 고민하다 묶고 있던 머리끈을 풀어 주머니에 담긴 아이의 걱정이 새어나오지 못하도록 주머니 입구를 단단히 묶어주었다.

"동생 돌보는 일이 크게 소리를 지를 만큼 힘이 들었어? 엄마가 몰라줘서 미안해."

아이를 안아주며 걱정 주머니를 어떻게 하고 싶은지 물었다.

"그림책에서처럼 뻥 차버릴래요."

조금 전과 달리 아이는 대답을 망설이지 않았다. 그 시원한 대답에 우리는 종이로 만든 걱정 주머니를 발로 차며 한참을 가지고 놀았다. 분명 걱정을 담은 주머니였는데 아이는 내내 깔깔대며 즐기고 있었다. 자신의 걱정을 가지고 노는 모습이라니. 신기하고 흥미로웠다.
한참 뒤 걱정 주머니는 이리저리 차인 탓에 너덜너덜 변해 있었다.

"이제 걱정 주머니를 어떻게 하고 싶어? 버릴까?"
"아니요. 여기에 다시 '우리 가족 사랑해'를 넣어둘래요."

아이는 걱정 주머니를 열더니 '우리 가족 사랑해'라고 외치고는 내게 주머니를 건네며 묶어달라고 했다. 그리고 그 주머니는 자기가 가지고 있겠다고 했다. 아이의 표정이 이전과 비교해 어딘가 달라져 있었다. 걱정 주머니에 걱정을 말하기까지 주저했던 모습은 없었다. 그 달라진 표정을 놓치고 싶지 않아 아이의 표정을 구석구석 살폈다. 웃는 얼굴이 예뻤고, 개운해 보였고, 편해 보여서 눈을 떼기 어려웠다.

그동안 엄마표 영어에 몰입하며 아이가 18개월이 되었을 때부터 영어책을 읽어주며 다독을 좇던 나였다. '귀만 트이면 돼'라는 목표를 가지고 시작한 엄마표 영어. 아이의 흥미를 이끌 만한 영어책을 사 모으고, 아이가 영어에 익숙해지도록 책의 내용을 살피기보다는 소리 내어 읽어주는 일에 더 많은 에너지를 쏟던 중이었다. 영어에 많이 노출될 수 있도록 놀 때도, 먹을 때도, 목욕할 때도, 차로 이동할 때도… 일상에서 영어를 사용하는 일이 대부분이었다.

한동안 머릿속에 걱정 주머니를 가지고 놀던 아이의 표정이 잊히지 않았다. 눈을 떼기 어려울 만큼 예쁘고 편해 보이는 아이의 모습을 떠올릴수록 지금 아이에게 필요한 것은 영어가 아니라 자신의 감정을 제대로 표현하는 일이라는 굳은 믿음이 생겼다.

집에 있는 그림책 몇 권을 꺼내 읽었다. 《걱정 상자》 그림책을 보며 걱정 주머니를 만들었던 아이의 기분이 되어 보았다. 이렇게 쉬운 말과 그림으로 된 '그림책'이라면, 그리고 '놀이'라면, 걱정 주머니에 걱정을 털어놓고, 웃고, 정리했던 그날의 경험처럼 아이의 마음속 이야기들을 자연스럽게 나눠볼 수 있을 것 같았다.

엄마표 영어에 가려 아이의 기분과 고민, 생각을 살피지 못하며 그저 책을 소리 내어 읽어주기 급급했던 지난 모습들이 마음을 바쁘게 만들었다.

그날 이후, 엄마표 영어를 잠시 미루기로 했다. 대신 아이의 마음을 넉넉하게 품을 수 있는 그림책을 찾기 시작했다.

엄마, 물어보지 말고 그냥 읽어주세요

영어를 위한 그림책이 아니라 아이의 마음을 위한 그림책, 그리고 놀이를 찾아보겠다며 호기롭게 결심했지만 생각만큼 쉽지 않았다. 그저 그림책을 재미있게 읽어주고 이야기 속에서 놀이를 찾으면 되는 거라 생각했는데, 막상 시작하려 보니 어떤 그림책을 어떻게 읽어주어야 하는지 전혀 감이 잡히지 않았다. 게다가 시중에서 쉽게 찾을 수 그림책 놀이들은 예를 들어 케이크가 나오는 그림책을 보며 나만의 케이크를 만드는 것처럼 감각 놀이에 의존한 활동들이 대부분이었기에 내 아이의 마음을 살필 수 있는 프로그램들을 직접 고민해야 했다.

먼저 그림책 읽는 방법을 익히기 위해 시중에 나와 있는 그림책 육아, 하브루타 독서법, 그림책 테라피 관련 책, 그리고 육아 블로그들을 살펴봤다. 그중에서 아이와 나누면 좋을 것 같은 질문들을 골라 수첩에 옮겨 적었다.

아이에게 물어볼 질문들이 가득한 수첩과 그림책을 준비한 뒤, 제대로 한번 읽어주겠다는 마음으로 아이를 불렀다. 읽기 싫어 몸을 꼬는 아이의 관심을 끌기 위해 그럴싸하게 책을 읽어주려 애쓰면서도 곁눈질로 수첩에 적힌 질문들을 빠르게 훑었다.

"엄마, 물어보지 말고 그냥 읽어주세요."

그림책 읽기가 서툰 엄마를 아이는 금세 알아차렸다. 그제야 아이 표정이 눈에 들어왔다. 나의 노력과 분주함이 무색하게 아이는 그림책에 전혀 흥미가 없어 보였다. 수첩에 적힌 질문들을 다시 보았다. 그림책을 제대로 읽었는지 확인하고 그림책 속 문제를 해결해보라며 재촉하는 질문들이 가득했다. '싫어할 만했네.' 그림책으로 아이의 마음을 살피려다 되레 책 읽는 흥미마저 떨어뜨릴 뻔한 순간이었다.

그림책 한 권 읽기가 이렇게 어려운 일이었다니. 엄마표 영어를 위해 사 모으고 읽어준 그림책이 책꽂이에 가득한데, 그동안 한 번도 느껴본 적 없는 어려움에 부딪히고 말았다.

아이의 주인은 엄마가 아닌 아이 자신

"엄마, 이거 먹어도 돼요?"

일주일에 한 번 가는 아이의 외부 수업이 끝날 때쯤, 같은 반 아이의 엄마가 반 아이들에게 간식을 나눠주었다.

간식을 받아 든 아이는 내게로 와 먹어도 되는지를 물었고, 다른 엄마들과 수업 이야기를 듣고 있던 중이라 아이에게 급히 그러라고 답해주었다. 그런데 문득 이상한 기분이 들었다. 같은 반 아이 여섯 명 중 어떤 아이는 간식을 먹고, 어떤 아이는 아껴두었다 나중에 먹을 생각인지 먹지 않고 있는데 왜 내 아이만 나에게 간식을 먹어도 되냐고 물어보는지 의아했다.

내가 너무 아이를 통제하고 있는 것은 아닌지 고민할 때쯤, 《나는 나의 주인》이라는 그림책을 만났다. 내 몸, 내 마음, 내 물건을 소중하게 대해야 하는 이유, 나를 안전하게 지키는 일도, 좋은 것을 좋다고 말하고 싫은 것을 싫다고 당당하게 말할 수 있는 이유도 '내가 나의 주인'이기에 해야 하는 일들이라는 중요한 메시지가 있는 그림책이었다.

무언가를 소유하고, 주체적으로 책임을 가지고 이끄는 사람을 뜻하는 '주인'이라는 단어에 지난날 나의 육아를 돌아봤다. 먹을 것, 입을 옷, 읽을 책 등 아이의 크고 작은 것들에 대해서 아이가 어리다는 이유로, 아이보다 내 결정이 나을 것이라는 착각으로 내가 마치 아이의 주인인 양 행동했던 모습이 이제야 보였다.

'아닌데. 아이의 주인은 아이인데.'

아이들이 엄마의 생각대로 말하고 행동하기를 바라는 것이 아니라 아이가 자기 자신의 온전한 주인이 되도록 돕는 것이 엄마의 역할이고 육아의 방향이라는 것을 다시 한 번 마음에 새겼다.

아이가 성인이 되었을 때, 엄마인 나에게 묻지 않고 그동안 배운 것들의 힘으로 스스로 세상을 향해 힘차게 날갯짓하기를 바라는 마음으로 아이들을 아이들 자신에게 돌려주기로 했다. 내 편의대로 하지 않으니 분명 지금보다 불편해지겠지만, 그렇다고 아이들은 내 소유물이 아니라는 점을 절대 잊어선 안 되겠다.

아이가 자신의 온전한 주인이 되어야 하기에 감정 표현을 배우는 일이 얼마나 중요한지 다시 한 번 느꼈다. 좋은 것을 당당하게 좋아하고 싫은 것에 대해서도 거절할 수 있고, 내가 가장 나답게 느껴지는 일을 고민하고, 편한 길만 찾기보다는 불편한 길도 가보면서 내게 어울리는 길을 찾을 수 있는 힘은 엄마가 대신 해주는 것이 아니라 내가 나를 분명하게 이해할 때 비로소 키워질 수 있을 테니 말이다.

'아이가 엄마 품을 벗어나 완전한 독립을 하고 '나의 주인'으로 주체적인 삶을 사는 것.'

그저 아이의 감정 표현을 돕고 싶어 그림책을 읽고 감정을 나눌 놀이를 고민했었는데, '감정 놀이'와 육아의 방향에 좀 더 분명하고 힘 있는 이유가 생겼다.

어쩌다 시작한 아이의 마음일기

동생이 장난감을 망가뜨리는 바람에 첫째 아이가 잔뜩 화가 난 날이었다. 화가 나 어쩔 줄 모르는 첫째 아이를 다독여주기 위해 아이를 데리고 방으로 들어갔다. 하지만 어떤 말로도 아이의 기분은 쉽게 나아지지 않았다. 어떻게 아이의 마음을 풀어줄 수 있을까 고민하던 중에 대학원 미술치료 수업 시간에 했던 활동 하나가 떠올랐다. 스케치북을 꺼내 사람 실루엣을 하나 그리고 나서 아이에게 말했다.

“이게 지금 화가 많이 난 너의 몸이야. 엄마가 너의 몸 안에 하트와 별을 가득 채워줄게. 그럼 괜찮아질 거야.”

지금 생각해보면 참 어설픈 방법이었다. 아니나 다를까 아이도 그런 엄마의 성급한 마음을 바로 알아차렸다.

"아니에요. 내 몸에는 지금 여기저기 상처가 있어요. 가시도 있고, 눈물도 있어요. 아프다고요!"

아이는 색연필을 집어 들더니 실루엣 곳곳에 상처, 눈물, 가시들을 빠르게 그려갔다. 그 모습을 보고 나서야 비로소 내가 아이의 감정을 제대로 알아차리지 못한 채 지금의 상황을 빠르게 수습하려고만 했다는 것을 알았다. 지금 아이에게 필요한 것은 상황의 해결이 아니라 자신의 화난 마음을 있는 그대로 마주하는 일이었을 텐데 말이다.

상처와 눈물, 가시로 채워진 실루엣을 보며 아이에게 물었다.

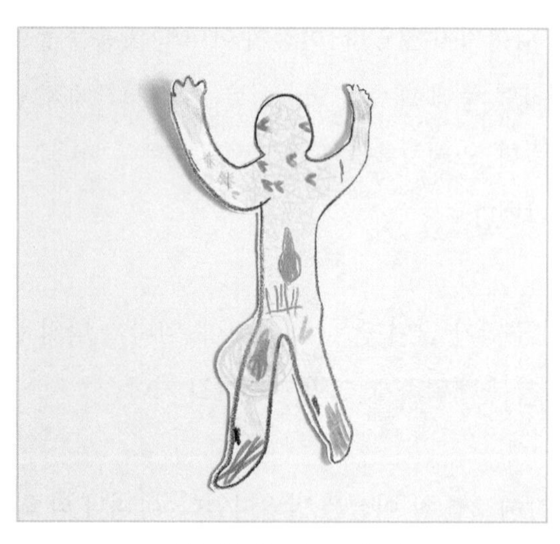

아이의 화난 마음이 담긴 실루엣

"이렇게 화가 많이 났었어?"

"네. 진짜 화났어요. 보이죠?"

"그럼 이 아이는 이제 어떻게 하면 좋을까? 화가 많이 나서 힘들어 보이는데."

"쉬게 해주면 돼요."

"어떻게 쉬게 해주지?"

"침대가 필요해요. 침대에 눕힐래요."

"침대는 어디 있는데?"

"이제 만들 거예요."

자신의 화난 마음을 드러내는 데 망설임이 없는 아이와의 대화가 빠르게 지나갔다. 아이는 곧장 자신의 화난 마음을 눕힐 침대를 만들어냈다.

"여기 누워서 숫자 버튼을 누르면, 몸속에 있는 눈물이 구멍을 통해 침대 밑으로 빠져나가요. 그럼 화난 마음이 작아지는 거예요."

침대를 자세히 보니 아이의 말 그대로였다. 베개가 있었고, 덮을 수 있는 이불도 따로 있었다. 이불을 들추니 숫자 버튼과 눈물이 빠져나갈 수 있는 구멍이 보였다. 아이는 침대 위에 화가 난 사람 인형을 눕히고 이불을 덮어주었다.

"지금 이 아이의 화난 마음이 조금 작아졌을까?"

"그럼요!"

그 순간 아이의 표정이 《걱정 상자》 그림책을 보고 걱정 주머니를 만들어 가지고 놀던 때와 닮아 있었다.

아이와 나는 사람의 실루엣을 그린 뒤 감정에 맞게 몸 안을 채우는 이 작업을 '마음일기'라 부르기로 했다. 이후로도 아이와 자주 마음일기를 했다. 방 청소가 힘들다고 할 때, 새로운 운동을 시작하게 되었을 때, 유치원에서 불편한 일이 있었을 때, 이유 없이 짜증이 날 때, 선물을 받아 기분이 좋을 때 등 아이의 감정들이 실루엣 속에 색과 그림으로 채워졌다.

아이와 마음일기를 함께했던 날도 있었다.

아이가 아이스하키를 처음 배우기로 한 날이었다. 이전에 축구를 배워보려다 연습장에 울리는 소리가 불편하다며 그만두었던 아이였기에 아이스링크는 괜찮을까 걱정하며 체험 수업에 들어갔다.

빙판 위에서 몇 번을 넘어지는 아이. 손이라도 잡아주고 싶은 심정이었지만 그럴 수 없어 애를 태우며 지켜볼 수밖에 없었다. 안타까운 마음으로 아이를 지켜보고 있는데, 어떻게 된 일인지 헬멧을 벗은 아이의 얼굴은 땀에 젖은 채 해맑게 웃고 있었다.

"엄마! 진짜 재미있었어요! 나 진짜 많이 넘어졌는데, 봤어요?"

같은 상황에서 아이와 나의 다른 마음을 만난 순간이었다. 집에 돌아와 같은 상황 속 서로 달랐던 우리의 마음을 마음일기로 나눠보기로 했다. 내가 앉아서 턱을 괴며 걱정하는 듯한 포즈를 취하면 아이가 그 모습을 실루엣으로 그렸고, 아이가 아이스링크에서 다리에 힘을 주며 서 있는 듯한 포즈를 취하면 내가 그 모습을 실루엣으로 그렸다. 그렇게 그려낸 각자의 실루엣에 색을 채워 넣었다.

같은 상황에서 다른 감정으로 표현된 그림

"엄마는 걱정했지만 마음 한편에 네가 잘하고 나올 거라는 믿음도 있었으니까 실루엣을 반으로 나누어 각각 다른 색으로 칠할 거야.”

“나는 다리에 힘이 들어간 느낌으로 칠할 거예요. 그리고 땀이 났으니 머리는 시원한 느낌으로 칠할 거고요.”

그날 우리는 처음으로 서로의 다른 마음을 그림으로 나누었다. 걱정 주머니로 걱정을 털어놓았던 경험, 화난 마음을 그림으로 그리고 그 마음을 위로하기 위해 침대를 만들어본 경험, 엄마와 자신의 다른 마음을 그림으로 나눠본 경험. 그 모든 경험들이 개운하고 편안한 아이의 표정으로 돌아오니 마음을 살피기 위한 ‘놀이’의 방향이 조금씩 잡히기 시작했다.

그림책을 읽던 아이, 속마음을 터놓기 시작했다

마음일기를 통해 내 감정을 마주하는 경험들이 쌓일수록 아이와 함께 '지금 내 마음'에 대한 이야기를 나누는 일도 점점 수월해졌다. 실루엣을 그려주면 아이는 색으로 실루엣을 채우면서 자연스럽게 자신의 마음속 이야기를 꺼냈다. 놀이의 효과였다. 그렇게 마음을 그림으로 그리고, 그림을 보며 이야기를 나누니 그림책도 다시 보이기 시작했다.

"이 친구, 기분이 안 좋은가? 얼굴에 잔뜩 힘이 들어갔어."
"맞아! 이러면 기분이 나쁘지. 엄마라도 기분이 나쁠 것 같아."
"얼굴이 가려져서 안 보이네. 어떤 표정을 짓고 있을까?"

예전이었다면 수첩에 적힌 내용을 아이에게 말해주어야 한다는 생각에 급급했겠지만, 수첩을 던져버리고 나니 느긋함이 생겼다. 넉넉한 마음으로 그림책 구석구석을 살폈다. 그림책을 보는 아이들의 표정도 보이기 시작했다. 아이들과 호흡을 맞추며 그림책을 읽었고, 아이들의 눈이 그림책 이곳저곳을 살피다 움직임이 멈출 때 다음 페이지로 넘어갔다. 수첩을 들고 있던 손으로 아이들을 껴안았고, 수첩에 적힌 질문들을 빠르게 훑던 눈으로 아이들을 바라보게 되니 그림책을 읽고 노는 시간이 따듯하고 즐거웠다.

그렇게 하루하루 엄마의 이야기를 듣던 아이는 점점 더 자신의 마음속 이야기를 꺼내놓았다. 《슈퍼 거북》, 《슈퍼 토끼》의 그림책 속 한 페이지를 나란히 놓고 살피던 중이었다. 경주에서 이긴 거북이가 '슈퍼 거북'이라는 주변의 기대에 부응하기 위해 빨라지기를 결심하고 난 뒤의 모습과 경주에서 진 토끼가 더 이상 달리지 않기로 결심하고 난 뒤의 모습이 보이는 장면이었다. 무리한 훈련으로 노쇠해진 거북이, 운동 부족으로 배가 나오고 푸석해진 토끼를 보며 주변의 기대와 칭찬이 때로는 불편할 때가 있다며, 엄마도 그럴 때가 있었다는 이야기를 아이에게 말해주고 있었다. 이야기를 듣던 아이가 자신도 그런 때가 있었다며 유치원에서의 이야기를 해주었다.

자신도 별 스티커를 받기 위해 노력했는데, 다른 친구들만 모두 별 스티커를 받고 자신은 받지 못해 속상했다는 아이. 그날 우리는 '칭찬'에 대해 더 이야기를 나누었다. 토끼와 거북이에게 주변의 평가는 어쩌면 별 스티커 같았을 거라고, 하지만 별 스티커와 상관없이 애썼던 노력이 더 가치 있고 중요한 것이라는 말을 덧붙였다. 그 말을 들은 아이가 품에 안고 있던 베개를 높이 던지며 말했다.

"이제야 속이 시원해요!"

베개를 던지며 내뱉던 아이의 말과 표정이 아직도 생생하게 기억에 남는다. 그림책이 아니었다면 몰랐을 아이의 마음이었다.

그 이후로 우리는 그림책 속에서 우리의 이야기를 하나둘 찾아냈다. 그림책 속 인물, 장소, 물건 등 모든 것이 대화의 소재가 되었다. 물어보지 말고 그냥 읽어달라고 했던 아이는 이제 엄마와 그림책을 읽는 시간이 좋다며 손수 그림책을 골라서 가지고 온다. 유치원을 오가는 길에서도, 마트를 가는 길에서도, 식사 중에도 그림책에서 찾은 나의 이야기를 나누고, 그 대화 속에서 아이의 마음에 필요한 '놀이'의 아이디어를 얻게 되니 그림책을 곁에 두어야 하는 이유가 점점 분명해졌다.

쓰고 그리는 엄마의 마음일기

아이 둘을 재우고 잠에 들었는데, 어쩐지 아직 아침이 드리울 기미가 흐릿한 새벽에 눈이 떠졌다. 시계를 보니 새벽 4시였다. 지난밤 복통 탓에 일찍 잠들어버린 시간이 아까워 뭐든 해야겠다는 마음으로 식탁 앞에 앉았다. 창밖은 깜깜했고 집 안은 조용했다.

잠시 동안 식탁에 멍하니 앉아 있었다. 그러기를 한참, 문득 아이의 '마음일기'가 떠올랐다. 마음일기를 할 때마다 달라지는 아이 표정도 함께 떠올랐다. 마음일기를 하면서 '아이가 느꼈던 개운함이 어떤 기분이었을까'라는 궁금증을 가지고 있었고, 딱히 하고 싶은 일도 없었기에 나도 '마음일기'를 써보기로 했다.

처음으로 써내려간 일기는 전날 앓았던 복통에 관한 이야기였다. 네 줄 정도 되는 짧은 문장에 배가 아팠다는 내용을 적었고, 배가 아팠을 당시의 기분을 그림으로 그렸다. 언뜻 보면 낙서처럼 보이는 작은 그림이지만, 어떻게 해야 지난밤 나를 괴롭혔던 복통의 느낌을 그림에 담을 수 있을까 고민하며 몰입해서 그리다보니 어느새 두 시간이 훌쩍 지나가 있었다.

'어? 뭐지?'

일기를 끝내고 나니 어쩐지 마음이 후련하고 홀가분했다. 아이가 걱정 주머니를 만들면서, 마음일기를 하면서 느꼈던 기분이 이러했을까? 새벽을 즐기던 그 평온했던 기분이 아직도 생생하다.

그 개운함을 다시 경험하고 싶어 다음 날에는 새벽 5시에 알람을 맞춰두고 아이들을 재우면서 함께 이른 잠을 청했다.

몇 시간 뒤, 새벽을 울리는 알람 소리를 멈추고 다시 식탁 앞에 앉아 일기를 써내려 갔다. 그날의 일기는 첫 마음일기를 써본 느낌에 관한 내용이었다. 이번에는 글이 더 길어졌다. 그리고 전날처럼 글에 어울리는 그림도 그려 넣었다.

일주일쯤 지나니 굳이 알람을 맞춰 놓지 않아도 자연스럽게 새벽에 눈이 떠졌다. 이른 시간 찌뿌둥한 몸을 일으킬 수 있었던 이유는 오직 마음이 개운해지는 기분을 느끼기 위해서였다. 어떤 날은 일기에 구구절절 하소연하기도 하고, 어떤 날은 일기가 반성문이 되기도 하고, 어떤 날은 과거에 나를 불편하게 했던 상황들을 끄집어내며 나의 크고 작은 이야기들로 일기를 채웠다. 누가 듣고 있지도 않고, 누군가에게 보여줄 것도 아니었지만 마음속에서 쏟아져 나오는 글과 그림이 내게 위로가 되어주었고, 육아도 조금씩 편해지기 시작했다. 하루가 힘들다고 느껴질 때면 새벽에 느끼는 지금 이 마음을 내일의 마음일기에 모두 쏟아야겠다고 생각하면 마음 한구석이 든든해지기도 했다.

나의 이야기들을 일기에 정리하고 나니 100미터 달리기 같던 하루에 잠깐의 '쉼'이 생겼다. 그러자 주변의 모습들이 하나씩 눈에 들어왔다. 깜깜한 새벽을 홀로 밝히는 별 하나, 이른 아침에 등산을 시작하는 사람들, 해가 떠오르는 찰나의 장면, 수시로 변하는 아침의 구름, 매일 같은 시간 성실히 동네를 도는 청소차. 지금껏 살피지 못했던 풍경들이었다.

'쉼'에서 찾은 힘으로 어수선한 주변 청소를 시작했다. 미뤄둔 옷 정리를 행동으로 옮겼고, 모르는 척했던 곳곳의 먼지들도 말끔히 닦아냈다. 소소한 내 물건을 모아두기 위한 작은 공간도 만들었다. 붙박이 옷장 속 선반 하나였지만, 집 안에 오로지 나를 위한 공간이 있다는 사실만으로도 입꼬리가 올라갔다. 좋아하는 스티커, 립스틱, 읽고 있는 책, 물감, 노트 등이 그곳에 모였다.

마음일기를 하면서 웃던 아이처럼 내게도 마음을 마주하는 방법이 생겼다. 단단해진 마음으로 그림책을 보니 그림책 속에서 일기에 담았던 나의 모습이 보였다. 그렇게 찾은 이야기를 아이와 나누었다. 엄마의 이야기를 듣던 아이도 자신의 이야기를 터놓으니 풍성해지는 대화 속에 내가 분명해지고, 서로에 대한 이해가 깊어졌다.

마음을 이해한 만큼 그림책을 즐기는 요령도 늘어났다. 이제는 나에 대한 고민은 물론이고 아이들에 대한 고민, 육아에 대한 고민이 생기면 육아서를 찾는 대신 그림책을 먼저 찾는다.

나의 마음이 여유로워지고, 넉넉해지자 아이의 마음을 깊이 보듬어줄 수 있게 되었으니 아이와 엄마인 내게 모두 필요한 마음일기가 되었다.

PART 02

감정 놀이로 내 마음 표현하기

내 마음은 여러 가지 모양이에요

아이에게 말해주세요

우리 마음속에는 여러 가지 마음 친구들이 있어.
옳은 마음, 나쁜 마음이 아니라
모두가 옳은 내 마음이야.

안녕! 나의 마음 친구들

"○○이는 맨날 그 놀이만 해요."

아이에게 싫어하는 친구가 생겼다. 자신은 하고 싶지 않은 놀이를 매일 하는 친구가 마음에 들지 않는다고 했다. 그런데 친구를 떠올릴 때마다 볼멘소리를 하는 아이의 모습이 오히려 보기 좋았다. 싫은 마음을 싫다고 말할 수 있는 그 모습이 자연스럽고 건강해 보였기 때문이다.

아이와 달리 나는 나를 불편하게 하는 친구에 대한 마음에 솔직하지 못했다. 나를 불편하게 만드는 친구에게 내 마음을 들키지 않으려고 조심했던 기억이 난다. 친구와 사이좋게 지내야 한다는 말이 불편해도 참고, 싸우지 말고 지내야 한다고 생각했기에 더더욱 내 마음을 숨기던 때가 있었다. 그 마음 때문일까. 아이가 자신의 마음을 있는 그대로 솔직하게 마주하고 자랐으면 좋겠다는 바람이 생긴다. 좋고 싫고, 기쁘고 슬프고, 뿌듯하고 속상하고, 즐겁고 짜증나는 마음 등이 좋은 마음과 나쁜 마음으로 구분되는 것이 아니라 모두가 나의 옳은 마음이라 생각하며 말이다.

《이게 정말 마음일까?》는 누군가를 싫어하는 마음에 대한 이야기다. 누군가를 싫어하는 마음을 자세하게 따라가는 전개도 인상적이지만, 무엇보다 싫어하는 마음이 생길 때 '위로 세트를 출동시켜 나를 위로하면 어떨까'라고 고민하는 모습들이 위트 있으면서도 배우고 싶은 요령이 엿보인다.

아이와 함께 나의 마음과 친해지는 시간을 가져보기로 했다. 누군가와 친해지고 싶을 때 그 사람의 얼굴과 이름을 가장 먼저 익히게 되는 것처럼 눈에 보이지 않는 마음들을 이미지로 만들고 이름을 붙여주는 놀이를 해보기로 했다. 예전에 아이들과 미술 놀이를 하고 난 뒤, 갖가지 모양으로 잘라놓은 종이들이 있었다. 규격화되지 않은 색과 모양의 종이들이 보이지 않는 마음을 표현하기에 적당해 보였다.

"엄마가 '사랑해'라고 말해주면 어떤 기분이 들어?"
"하고 싶지 않은 놀이를 친구가 계속할 때는 어때?"
"무언가를 만들려고 하는데 생각만큼 잘 되지 않을 때는 어떤 마음이 들어?"

구체적인 상황에 따라 기분을 묻는 엄마의 질문에 '행복해요', '짜증 나요', '화나요', '슬퍼요' 등 몇 가지 마음 친구들이 나타났다. 미리 꺼내어둔 종이 모양들을 가지고 마음 친구를 만들어보기로 했다. 아이의 손놀림이 바빠졌다. 그러기를 한참, 아이의 마음 친구들이 하나둘 만들어졌고 어울리는 이름도 정해졌다.

'행복이, 짜증이, 슬픔이, 질퉁이, 씩씩이, 무셤이, 앵그리.'

일곱 개의 마음 친구들이었다. 그런데 예상치 못한 마음 친구를 만났다. 바로 '질퉁이'였다.

"질퉁이는 엄마가 동생을 안아 재울 때 생기는 마음이에요. 엄마가 동생만 예뻐하는 기분이 들 때 생겨요. 마음에 뾰족한 가시가 박힌 것 같은 느낌이에요."

그동안 몰랐던 아이의 마음이 드러났다. 동생을 재우기 위해 함께 누워 있는 모습이 첫째 아이가 보기에는 뾰족한 가시가 박힌 것처럼 불편하고 싫었나보다.

"그럼 질퉁이가 마음에 가득 찰 때는 어떻게 해주면 좋을 것 같아?"

대답을 고민하는 아이의 모습을 보니 아이 마음을 달래줄 처방이 필요해 보였다.

안녕! 나의 마음 친구들

내 마음속 여러 감정의 모습을 만들어요

누군가와 친해지기 위해 얼굴과 이름을 익히듯 눈에 보이지 않는 마음속 여러 감정들을 시각화하고, 이름을 붙여주면서 내 마음속에 담겨 있는 감정들을 하나씩 살펴봅니다.

준비하기

색지, 가위, 풀

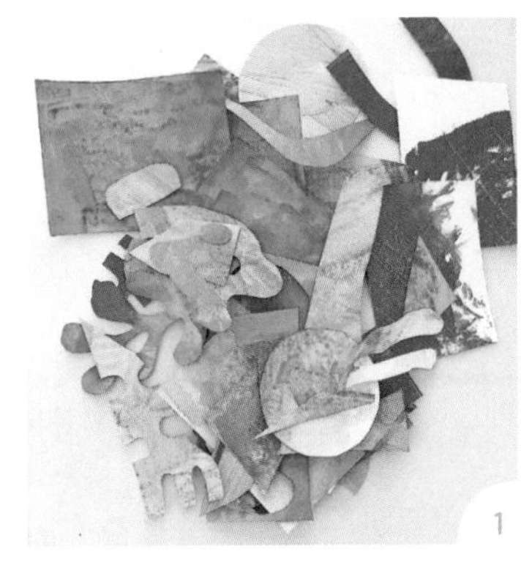
1

2

3

1 색지를 여러 모양으로 자른 뒤, 구체적인 상황을 제시해 아이의 기분을 물어봅니다.

Tip "숙제를 할 때 기분이 어땠어?", "엄마가 안아줄 때 기분이 어때?"처럼 구체적인 상황을 예로 들어 질문해요.

2 아이의 기분에 따라 준비한 모양들을 이용해 '마음 친구들'을 만들어봅니다.
3 완성된 '마음 친구들'에게 이름을 지어줍니다.

내 마음이 원하는 건 뭘까?

아이에게 말해주세요

나는 내 마음이 원하는 것을 잘 알고 있을까?
지금 내 마음에게 필요한 '위로 세트'는 뭘까?

마음 사다리타기

아이의 마음속에 있는 여러 마음 친구들이 만들어졌다. 그런데 제각기 다른 모양에, 다른 이름, 다른 감정이니 만큼 원하는 것들도 모두 다를 텐데, 각각의 마음 친구들을 위해 어떤 것을 해줄 수 있을까?(44페이지 참고)

때로는 잘못된 방향으로 흘러갈 때도 있고, 다시 제자리로 돌아올 때도 있고, 그러다 결국 어떠한 답을 마주하게 되는 우리 삶의 모습이 어린 시절 친구들과 즐겨 했던 '사다리타기'와 비슷해 보였다.

사다리타기에 빗대어 마음 친구들을 위한 처방을 찾아보기로 했다.

전지 사이즈의 소포지에 아이가 만든 마음 친구들을 나란히 붙인 뒤 사다리를 그렸다. 그리고 각각의 사다리 끝에는 적당한 사이즈의 지퍼백을 붙여두었다. 마음 친구들을 위한 '위로 세트'를 넣어둘 곳이었다. 아이와 나는 이 지퍼백을 '마음 주머니'라 부르기로 했다.

'마음 주머니에 뭘 넣어볼까?'

핸드폰에 저장된 지난 사진들을 살펴보았다. 사소한 일상이 담긴 사진들을 하나씩 넘기며 마음 친구들을 위해 필요한 사진 몇 장을 골랐다. 첫째 아이가 태어난 날의 사진들과 동생과 마음이 잘 맞았던 날의 사진들은 특별히 '질퉁이'를 위해 신경 써서 골랐다.

이어서 아이가 엄마에게 듣고 싶은 말들도 찾아보기로 했다.

"슬픔이가 힘이 세질 때 엄마에게 어떤 말이 듣고 싶어?"

엄마의 물음에 아이는 신중하게 대답을 고민했고, 고민 끝에 정해진 말들을 종이에 하나씩 정성껏 옮겨 적었다. 사다리타기를 하기 위한 모든 준비가 끝났다.

사다리를 타는 모든 과정이 마음을 위해 우리가 고민하는 시간이라고 말해주었다. 고민해서 길을 찾아 가보고 아니면 다시 돌아오자고. 그렇게 도착해서 찾은 마음 주머니에는 미리 골라둔 사진과 엄마에게 듣고 싶은 말이 적힌 종이를 넣어주자고 했다.

천천히 마음 친구들로부터 연결된 선을 따라 사다리를 탔고, 마음 친구들이 하나둘 사다리 끝에 도착하자 마음 주머니는 점점 무거워졌다. 사진과 엄마에게 듣고 싶은 말 이외에도 행복이를 위해서는 음악 CD와 색연필이, 슬픔이를 위해서는 밴드와 휴지가, 앵그리를 위해서는 색연필이 마음 주머니에 더해졌다.

아이의 마음 사다리타기가 마무리될 때쯤, 저녁 메뉴로 아이가 좋아하는 샌드위치를 주문하려는데 가게가 문을 열지 않았는지 전화를 받지 않아 샌드위치를 먹을 수 없게 된 때였다.

"아, 정말 슬프다."

반사적으로 나온 아이의 투정. 샌드위치가 없던 날, 아이의 첫 마음 사다리타기가 시작되었다.

마음 사다리타기

내 감정을 위해 필요한 것들을 알아보아요

사다리타기를 하며 내 감정들을 위해 필요한 것을 고민해보는 놀이입니다. '마음 친구들'에게 필요한 것들을 생각해보면서 내 마음에 필요한 '위로 아이템'을 찾아보는 시간입니다.

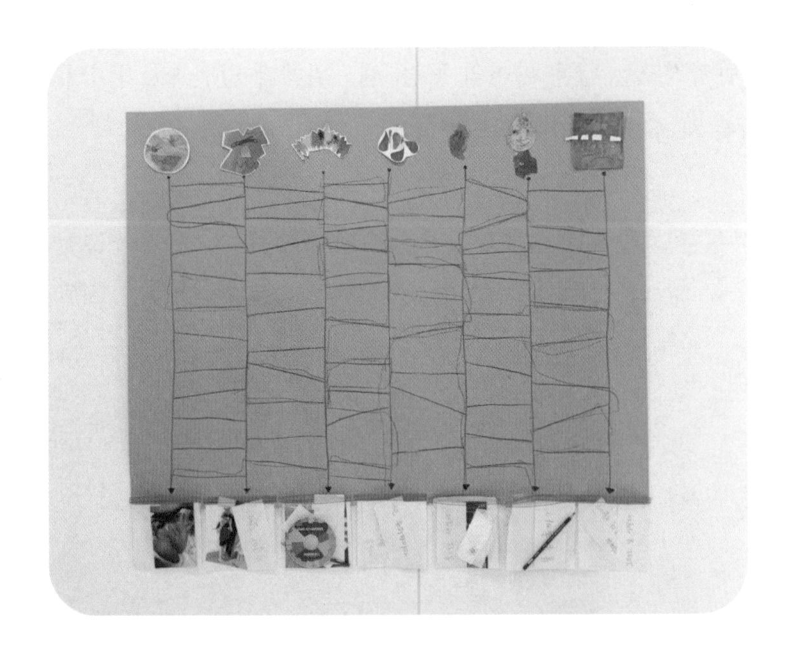

준비하기

마음 친구들, 소포지, 지퍼백, 마음 친구에게 필요한 아이템

1

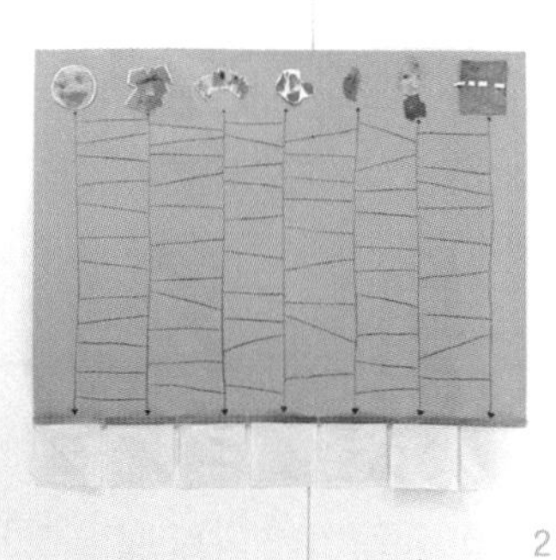
2

3

1 마음 친구들에게 필요한 아이템을 준비합니다.

Tip '추억이 담긴 사진', '엄마에게 듣고 싶은 말', '특별한 물건' 등을 사용할 수 있어요.

2 전지 사이즈의 소포지 위쪽에 '마음 친구들'을 붙이고, 사다리를 그린 뒤 도착 지점에 지퍼백을 붙입니다.

3 사다리를 타고 내려가 지퍼백에 1에서 준비한 아이템을 넣어줍니다.

Tip 슬픔이를 위한 밴드와 휴지, 행복이를 위한 노래 CD 등 특별한 아이템들을 찾아보아요.

감정도
기다림이 필요해

아이와 말해보아요

불편한 감정이 솟구칠 때는 잠시 기다려 봐.
그러면 지금 내가 어떤 감정을 갖고 있는지 분명해질 거야.

감정 스노글로브

불편하고 화난 마음을 있는 대로 쏟아내던 때가 있었다. 가능한 많이 쏟아내면 쏟아낸 만큼 시원해질 줄 알았는데 쏟아낼수록 감당하기 어려운 감정의 크기에 당황할 때가 더 많았다. 그러나 마음일기를 통해 감정에도 기다림이 필요하다는 것을 알게 되니, 순간 툭 튀어나오는 감정에도 당황하지 않고 그 감정에 머물러볼 수 있는 여유가 조금씩 생겼다. 잠시 멈추고 생각해본다. 지금 내가 어떤 감정인지, 정말 하고 싶었던 말이 무엇이었는지, 듣고 싶었던 말은 무엇이었는지.

《조금만 기다려 봐》는 기다림의 과정과 의미에 대해 생각해볼 수 있는 그림책이다. 그림책에는 다섯 개의 인형 친구들이 창밖을 바라보며 무언가를 기다리고 있다. 기다림의 이유도, 시간도 제각각 다르니 어떤 친구의 기다림은 짧고 어떤 친구의 기다림은 길다. 그림책 속 인형 친구들의 기다림을 지켜보니 감정의 기다림도 크게 다르지 않아 보였다.

문득 크리스마스 스노글로브가 떠올랐다. 눈보라 속 산타를 제대로 살피기 위해 잠시 기다려본 경험이 놀이가 될 수 있을 듯했다. 산타 대신 아이의 모습이 들어간 스노글로브를 떠올리니 일상에서 아이에게 감정의 기다림을 알려주기에 꽤 적절해 보였다. 몇 가지 준비를 한 뒤 아이와 놀이를 시작했다.

"동생이 장난감을 빌려갔는데 망가졌어. 기분이 어떨 것 같아?"
"생각만으로도 화가 나요!"
"그럼 엄마가 우성이 마음을 잘 알아주지 않을 때는?"
"속상하고 슬퍼요."

아이에게 그 감정들을 몸으로 표현해볼 수 있겠냐고 물으니 아이가 주먹을 쥔 채 얼굴을 찌푸리며 포즈를 취했다. 아이의 그 모습을 재빠르게 사진으로 찍었다. 아이의 사진을 인쇄하고 방수를 위해 코팅을 한 뒤 스노글로브 속에 넣으니 아이의 화난 모습이 들어 있는 스노글로브가 만들어졌다.

완성된 감정 스노글로브를 흔들어 아이에게 보여주었다. 스노글로브 속 화가 난 아이의 모습이 글리터에 둘러싸이더니 흔들림이 잦아지고 나서야 그 모습이 제대로 보이기 시작했다.

"우리의 감정도 스노글로브와 같아. 불편한 감정이 솟구칠 때는 잠시 기다려봐. 기다리면 알게 될 거야. 지금 나를 위해 무엇이 필요한지."

온 가족이 함께 외출을 했던 어느 날, 출발할 때부터 남편이 계획했던 일들이 잘 풀리지 않았다. 아이들은 그런 아빠의 마음을 아는지 모르는지 뒷좌석에 앉아 연신 아빠에게 질문을 쏟아내니, 그 상황에 둘러싸인 남편이 마치 흔들린 스노글로브 속에 있는 것처럼 보였다.

"얘들아. 지금 아빠의 스노글로브가 흔들렸어! 아빠에게 시간이 필요해."

감정 스노글로브를 만들어본 아이들. 금세 차 안이 조용해졌다.

감정 스노글로브

감정을 정리하기 위해서는 시간이 필요해요

감정을 흔들린 스노글로브에 빗댄 놀이입니다. 흔들린 스노글로브가 가라앉는 데 시간이 필요한 것처럼 감정을 정리하기 위해서도 시간이 필요하다는 것을 시각적으로 알려줄 수 있습니다.

준비하기

사진, 코팅기(혹은 테이프), 정제수, 글리터, 스노글로브 돔, 스노글로브 받침, 강력 접착제

1 스노글로브 돔 안에 들어갈 사진을 준비합니다.

Tip 감정을 보여주기 위해 화를 내거나 짜증을 내는 아이의 모습이 담긴 사진을 사용하는 것이 좋아요.

2 방수가 되도록 사진을 코팅한 뒤 잘라 스노글로브 받침에 붙입니다.

Tip 코팅기가 없다면 투명 테이프를 여러 겹 붙여도 좋아요.

3 스노글로브 돔 안에 물을 반쯤 채워 넣은 뒤 글리터를 넣습니다.

4 강력 접착제를 사용해 스노글로브 받침과 돔을 연결한 뒤 받침 부분에 있는 마개를 열어 물을 가득 채운 뒤 마개를 닫아 완성합니다.

감정 스노글로브,
그리고 마법의 15초

육아를 하다 보니 '화난 마음'을 잘 전달하는 것이 무엇보다 필요하다. 고함, 짜증의 모습이 아니라 화난 마음의 '내용'을 잘 전달해야 하는데, 감정에 휩쓸리다 보면 내용을 전달하기도 전에 감정이 앞서 종종 실수할 때가 있기 때문이다.

아이들과 화난 마음이 들었을 때 감정을 어떻게 현명하게 나눌 수 있을까 고민하다 '감정 스노글로브'를 만들게 되었다. 그렇게 만든 감정 스노글로브는 일상에서 꾸준히 사용하고 있는 유용한 감정 조절 아이템 중 하나로 자리 잡았다.

일상에서 아이들이 화를 낼 때, 또는 엄마가 아이들에게 화가 났을 때 '감정 스노글로브'를 흔들어 아이들에게 보여준다.

"지금 네가 화가 난 모습이 스노글로브가 흔들린 것과 같아. 이

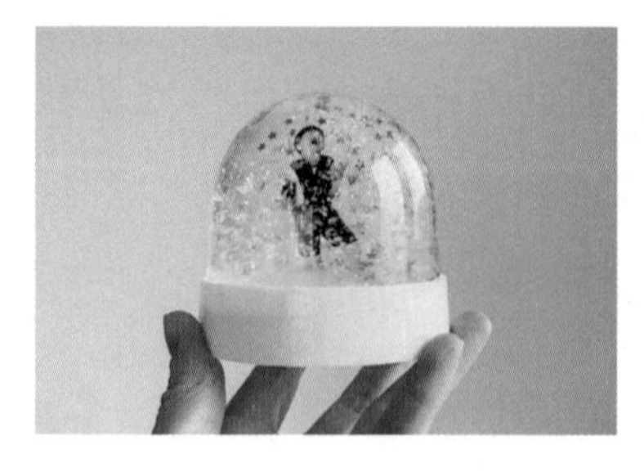

럴 때는 혼란스러워서 이야기를 나누기가 어려워. 기다리고 진정되면 그때 이야기를 해보자."

흔들린 스노글로브가 점점 잠잠해지는 모습을 보며 아이들은 감정의 파도가 가라앉기 위해서는 기다려야 함을 이해했다. 하지만 종종 흔들린 스노글로브 속 글리터들이 조용해질 때까지 어떻게 기다려야 할지 모를 때도 있었다.

그럴 때 유용하게 사용한 방법이 바로 아이들과 '마법의 15초'라고 부르는 호흡법을 해보는 것이었다. 감정을 진정시키기 위해 심호흡을 하는 것인데, 큰 호흡 세 번 정도면 효과가 나타나니 '마법'이라는 이름에 어울리는 방법이라고 할 수 있다. 스노글로브를 흔들고 난 뒤 글리터가 가라앉기까지 걸리는 시간은 대략 10~15초, 큰 호흡 세 번을 하는 시간과 비슷하니 '감정 스노글로브를 흔들고, 호흡 세 번'. 이렇게 우리만의 감정 조절 패턴이 생겼다. 첫째 아이와 나는 물론, 36개월 된 둘째 아이도 배우고, 따르는 방법이니 짧지만 효과 좋은 15초의 힘이다.

모든 마음이
옳은 내 마음

아이와 말해보아요

내 마음을 있는 그대로 솔직하게 마주하는 연습도 필요해.
울어도 괜찮고, 슬퍼해도 괜찮고, 화를 내도 괜찮아.

내 몸은 변신쟁이

"남자니까 울지 말고!"

두 아들을 키우다보니 주변 어른들로부터 종종 듣는 말이다. 그럴 때마다 '시대가 어느 때인데 그러실까' 흘려들으면서도 혹여나 아이들이 '남자'아이라는 이유로 슬플 때 슬프다, 힘들 때 힘들다 말하지 못하게 될까 염려될 때도 있다. 물론 남편은 이런 나에게 괜한 걱정을 한다 하겠지만….

《아기 구름 울보》는 울음이 많은 아기 구름에 대한 이야기다. 걸핏하면 우는 아기 구름 탓에 수시로 산에 비가 내리니 산마을 동물들이 참다못해 엄포를 놓는다. 그 말에 아기 구름은 꾹꾹 울음을 참아낸다.

"아기 구름이 울음을 참고 있어. 괜찮을까?"
"안 좋을 것 같아요."
"왜?"
"울고 싶은데 울지 못하고 있잖아요."
"그럼 어떻게 하면 좋겠어?"

"울고 싶으니까 울게 해야죠."

'울고 싶을 때는 울어야 한다'는 아이의 말이 마음에 오래 남았다.

둘째 아이가 바닥에 떨어진 티스푼을 가지고 놀다가 귀를 다친 날이었다. 다행히 크게 다치지 않았지만 꽤 아팠는지 평소보다 울음소리가 컸고 아이를 달래는 데도 시간이 오래 걸렸다. 쉽게 울음을 그치지 않는 동생을 지켜보던 첫째 아이가 말했다.

"이럴 때는 몸이 쪼그라드는 기분이 들어요."
"이럴 때가 어떤 땐데?"
"누군가 다친 모습을 보고 놀랄 때요."

어떻게 저런 정직한 표현을 할 수 있을까. 아이들의 거짓 없이 솔직하고 즉각적인 반응과 표현들을 조금 더 엿보고 싶은 마음이 생겼다.

"지난번에 동생이 다쳤을 때 우성이 몸이 쪼그라드는 것 같다고 했잖아. 엄마랑 같이 기분에 따라 몸이 어떻게 달라지는지 만들어볼까?"

핑크색 클레이를 동그란 덩어리로 만든 뒤, 아이에게 건넸다.

"이게 우성이 몸이야. 놀랄 때는 몸이 쪼그라든다고 했잖아. 그 모습이 어떤 건지 클레이로 만들어보는 거야."

핑크색 클레이를 받아 쥔 아이가 클레이를 조금 떼어내더니 작고 동그랗게 만들어 보여주었다.

"이거예요. 몸이 갑자기 팍 줄어드는 느낌!"

놀랐을 때의 기분 외에 화가 날 때, 심심할 때, 짜증 날 때 등 다른 기분들에 대한 모양들도 아이의 손놀림에 따라 다르게 만들어졌다. 아이의 작업을 사진으로 찍고 출력한 뒤 A4 사이즈의 종이에 하나씩 붙였다. 사진을 붙이고 난 종이들을 한데 모아 책의 형태로 묶은 뒤, 사진 맞은편 면에는 삐뚤빼뚤한 글씨로 모양을 설명하는 아이만의 글도 적어 넣었다.

털실로 낱장의 종이를 모아 묶으니 아이의 감정의 모습들이 담긴 그럴싸한 책이 완성되었다. 제목은 '내 몸은 변신쟁이'.

이것은 내 몸이에요.
놀랄 때는 쪼그라들어요.
화가 날 때는 찌그러져요.
짜증 날 때는 흩어져요.
심심할 때는 납작해져요.

슬플 때는 찢어져요.
기분이 좋으면 예쁜 모양이 되지요.
오늘은 어떤 모양이 될까요?

완성된 책을 아이 방 옆 책꽂이에 꽂아두었다. 가까이에 두고 종종 꺼내 두고 보길 바라는 마음이었다.

30개월 둘째 아이가 기분이 좋지 않았던 날, 아이가 대뜸 안방으로 들어가더니 문틈 사이로 얼굴을 내밀고는 말했다.

"나 아파서 잠깐 쉴게."

종종 나와 첫째 아이가 혼자 쉬고 싶을 때 하는 말이었는데 둘째 아이가 그 모습을 보고 배운 말이었다. 잠시 뒤 문을 열고 나온 아이에게 물었다.

"이제 좀 괜찮아졌어?"
"응. 괜찮아졌어."

아이가 새침한 표정으로 대답했다.
슬픔을 덮어둔 적도 있고, 괜찮은 척 화를 숨기기도 했던 나는 이런 아이들의 솔직한 감정 표현이 참으로 부럽다. '나도 아이만

했을 때는 내 감정에 솔직했을 텐데'라고 생각하니 아이들이 어른이 되는 과정 속에서 지금처럼 자기 감정을 솔직하게 표현하는 일을 잊지 않고 자라주면 좋겠다는 바람이 생긴다.

내 몸은 변신쟁이

감정에 따라 달라지는 변화를 표현해요

클레이를 '내 몸'이라 생각하고 여러 감정에 따라 달라지는 몸의 변화를 살펴보는 놀이입니다. 하나의 클레이가 여러 모양으로 변하는 과정을 경험하면서 내 마음의 변화도 자연스러운 모습임을 이해해봅니다.

준비하기

클레이, 프린트, 도화지

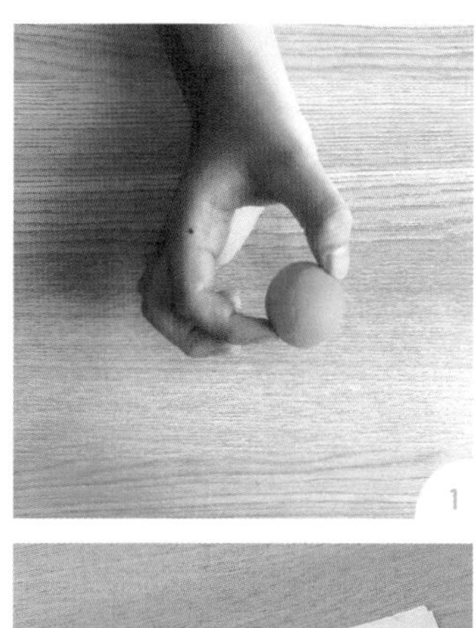

1 클레이를 동그랗게 만들어 아이에게 건넵니다.
2 클레이를 '내 몸'이라 생각하며 감정에 따라 달라지는 몸의 변화를 만들어 보고, 사진을 찍습니다.

Tip 심심할 때, 화가 날 때, 기분이 좋을 때, 놀랄 때 등 다양한 감정에 따라 몸이 어떤 모습이 되는지 물어봅니다. '늘어져요', '뾰족해져요', '줄어들어요' 등 아이의 대답을 클레이로 표현해봅니다.

3 마음의 모양을 찍은 사진을 종이에 붙이고, 마음의 모양을 글로 정리한 뒤 해당 사진 옆에 옮겨 적습니다.
4 3에서 만들어진 페이지들을 책의 형태로 엮고 내용에 어울리는 제목을 표지에 적습니다.

Tip 아이의 이름, 만든 날짜, 바코드 등 책의 느낌을 살려 넣어주면 더욱 친근감 있는 책이 완성됩니다.

마음을 채우는 일,
마음을 비우는 일

아이에게 말해주세요

마음이란 좋은 마음, 나쁜 마음으로 구분되는 것이 아니야.
마음이 얼마나 채워졌는지, 또 얼마나 비워졌는지가 중요해.

누군가로 인해 기분이 좋아지기도 하고, 나빠지기도 하는 것처럼 '오르락내리락하는 마음의 상태'를 아이는 어떻게 이해하고 있을까?

그림책 《날마다 행복해지는 이야기》의 원제는 'Have you filled a bucket today?'인데, 마음을 양동이에 빗대어 물을 채우고 비우는 일처럼 마음이 채워질 수도, 비워질 수도 있다고 말한다.

마음을 양동이에 비유한 것도 낯설었는데, 마음을 채우고 비운다는 말 자체도 낯설고 어려워 플라스틱 양동이와 탁구공을 준비한 뒤 그림책을 다시 읽었다. 다른 사람을 도와주고 친절을 베풀면 그 사람의 마음이 채워진다는 내용에서 탁구공을 양동이에 넣고, 다른 사람을 괴롭히거나 불편하게 하면 그 사람의 마음이 쓸쓸해지고 슬퍼진다는 내용에 양동이 안에 든 탁구공을 다시 꺼냈다.

그러다 문득 궁금해졌다. 우리는 일상에서 얼마나 양동이를 채우며 살아가고 있을까? 아이들과 일상에서 자연스럽게 각자의 양동이를 채우고 비우는 놀이를 해보기로 했다.

아침에 일어나 아침 인사를 하는 순간부터 시작했다. 서로에게 사랑한다고 말하는 순간, 고맙다고 말하는 순간, 서로를 위해 배려하고 양보하는 그 순간에 아이들은 각자의 양동이에 탁구공을 하나씩 넣었다. 반면에 싸우거나, 소리를 지르며 말하거나, 짜증을 내는 순간에는 각자의 양동이에 담겨 있는 탁구공을 다시 꺼냈다.

그렇게 하루 동안 양동이를 채우고 비우기를 반복하던 중, 저녁식사를 끝내고 설거지를 하는데 아이들이 스티커를 주고받으며 노는 소리가 들려왔다. 설거지를 멈추고 아이들끼리 나누는 다정한 말소리에 잠시 귀를 기울였다. 예쁘고 귀한 순간이었다. 아이들의 놀이가 끝날 무렵, 식탁 위에 놓여 있는 양동이들을 챙겨 아이들에게 내밀고는 탁구공을 채우며 말했다.

"우성이가 동생에게 스티커를 나눠 주니까 정우의 양동이가 이렇게 채워지고 정우의 기분 좋은 모습을 보면서 우성이의 양동이도 이만큼 채워지고 있네? 정우가 형아에게 스티커를 나눠 주니까 형의 양동이가 이만큼 채워지고, 형의 웃는 얼굴을 보면서 정우의 양동이도 다시 채워지고 있어. 엄마 양동이도 한번 봐 줄래? 우성이랑 정우가 서로 다정하게 노는 모습을 보고 엄마 양동이도 이만큼 채워졌어!"

나의 양동이에 탁구공을 와르르 쏟은 뒤 아이들에게 보여줬다. 순식간에 가득 채워진 엄마의 양동이를 본 아이들이 깔깔대며 웃으니 양동이와 함께 시작한 하루가 웃음으로 마무리되고 있었다.

양동이를 채워본 이후로 아이들과 나는 '행복 양동이가 채워진다', '행복 양동이가 비워진다'라는 말을 사용하며 마음을 이해하는 연습을 한다.

직접 해보니 알겠다. 나의 말과 행동이 다른 사람에게 어떤 영향을 주는지. 그로 인해 내 마음이 어떻게 달라지는지 말이다.

채워지고 비워지는 마음

내 마음은 여러 감정들로 채워지고 비워져요

하루 동안 나의 마음 양동이를 직접 채워보는 놀이입니다. 자신의 마음을 채우고 비우는 경험으로 마음의 특성을 이해합니다.

준비하기

양동이, 공

1

2

3

4

1 아이와 엄마의 양동이를 각각 준비합니다.
2 아이의 일상에서 친절, 배려, 노력한 순간 등을 포착해 아이가 직접 양동이에 공을 채웁니다.
3 아이의 일상에서 불편함, 힘든 순간 등을 포착해 아이가 직접 양동이의 공을 덜어냅니다.
4 하루 동안 양동이에 얼마나 공이 채워졌는지 확인해봅니다.

감정에도
색이 있어요

아이에게 말해주세요

정리되지 않은 감정들이 서로 섞이다 보면
어떤 감정인지 알아차리기 어려울지도 몰라.
뭉친 실타래를 풀듯 천천히, 하나씩 오늘 하루를 정리해보자.

색으로 채우는 하루

아이들이 지금보다 더 어렸을 때부터 색을 알려주는 일에 신경을 썼다. 빨강 안에서도 밝은 빨강, 보랏빛이 도는 빨강, 노란빛이 도는 빨강 등 다양한 색감이 있는데 분명 다른 빨강임에도 불구하고 모두 같은 '빨강'이라고 단편적으로 알려주는 것이 그다지 끌리지 않았기 때문이다.

"엄마, 나뭇잎 색깔이 달라졌어요."

일상에서 다양한 색을 찾으며 자란 아이는 비가 온 뒤 달라진 나무와 놀이터의 색 변화를 알아차렸고, 나뭇잎의 색이 바뀌는 모습으로 계절의 변화를 알아차렸다.

그림책 《컬러 몬스터》를 읽고 아이에게도 자신만의 감정의 색깔이 있다는 것을 알게 되었다. 컬러 몬스터에게 노랑은 행복, 빨강은 화, 파랑은 슬픔, 초록은 편안함, 검정은 무서움이다. 그러나 아이가 느끼는 감정의 색은 달랐다. 아이는 노란색을 보며 좋아하는 간식을 떠올렸다. 파란색과 빨간색을 보며 히어로의 용감함을 떠올렸고, 초록은 숲의 모험, 검정에게서는 맞서 싸워야 하는 악당을 떠올렸다. 아이의 경험에 의한 색의 감정이었다.

다양한 색을 찾아본 경험으로 감정과 색을 연결해보기로 했다.

아이가 유치원을 다니다 보니 그곳에서의 생활이 궁금할 때가 많다. 유치원에서 돌아온 아이에게 '오늘 어땠어?'라고 물어보는데 그때마다 아이는 '몰라요. 기억 안 나요'라는 말로 어물쩍 넘길 때가 많았다. 그런데 문득 오전부터 오후까지의 긴 시간 동안 일어났던 일들을 '어땠어?'라는 말로 뭉뚱그려 물으니 아이 입장에서는 대답하기 어려웠을 거라는 생각이 들었다.

시간대별로 상황을 쪼개보면 어떨까? 내가 먼저 아이에게 시범을 보여주었다.

"엄마는 오늘 우성이를 유치원에 데려다주고 오는 길에 과일가게에서 토마토랑 사과를 샀어. 그리고 옆에 있는 세탁소에 가서 아빠 옷을 맡기고 나온 다음에 길 건너편에 있는 편의점에서 스티커를 하나 샀지. 그리고는 반짝반짝한 길을 걸었어. 그 길 끝에 포클레인이 있어서 구경을 했지. 그리고…"

이렇게 아이를 유치원에 데려다주고 난 뒤부터 집에 돌아오기까지 시간순으로 일어난 일들을 하나씩 찬찬히 이야기해주었다. 같은 방법으로 이번에는 아이에게 유치원에서의 하루를 쪼개어 이야기해보도록 했다.

유치원에서 신발을 갈아 신고 계단을 올라간 뒤 첫 번째 수업, 쉬는 시간, 점심시간까지. 아이의 유치원 생활이 시간순으로 잘게 쪼개졌다. 지금 나눴던 대화를 색으로 채워보기로 했다.

원 모양의 골판지를 준비한 뒤 하루를 시간에 따라 나눠본다는 의미로 24개의 칸을 나누었다. 그리고 한 칸 크기에 알맞도록 색깔별로 색지를 잘라 코팅을 했다. 다음으로 원 모양에 그려진 24칸을 하루라고 생각하며 잘라둔 색지로 각각의 시간을 채워보기로 했다.

아침에 일어나면 기분 좋은 노란색, 아침을 먹을 때는 지루한 갈색, 무뚝뚝한 선생님이 불편한 수업 시간은 빨간색, 좋아하는 과학 시간은 연두색으로 채우며 아이의 하루가 다채로운 색들로 채워지기 시작했다.

흥미로웠던 것은 자는 동안의 색이었다. 잠버릇이 없고 한 번 잠이 들면 깊게 자는 아이라 똑같은 색을 나란히 붙일 줄 알았는데…. 아이는 자는 동안 동생이 발로 차는 바람에 놀랐던 기억, 좋은 꿈, 싫은 꿈에 대한 기억으로 잠자는 시간을 여러 가지 색으로 채웠다. 그렇게 아이의 하루가 다채로운 색들로 가득 채워졌다.

다음으로 색이 채워진 골판지 중심에 손으로 잡을 수 있을 정도 길이의 못을 꽂은 뒤, 뒤에서 잡아 색으로 채워진 하루를 힘차게 돌려보았다. 하루가 빙글빙글 돌아갔고, 조각조각 나뉘어 있던 색들은 서로 뒤섞인 채 경계가 모호해졌다. 빙글빙글 돌아가는 아이의 하루를 사진으로 찍어 아이에게 보여주었다.

여러 색이 뒤섞여 원 안의 색들이 선명하게 보이지 않는 것처럼 자신의 감정들을 잘 살피지 않으면 내 마음이 어떤지 어려울 것이라고 알려주었다. 그러니 뭉쳐진 실타래를 풀듯 나의 하루를 천천히 되짚어보면 숨겨진 감정들이 분명해질 거라는 이야기도 덧붙였다.

유치원을 다녀온 아이에게 묻는 질문이 달라졌다.

"오늘은 유치원에서 어떤 색이었어?"

색으로 기분을 살피는 방법을 배운 아이는 종종 자신의 기분이 어떤 색과 어울리는지 고민한다.

"지금은 크게 화가 났어요! 아주 진한 빨간색이에요."
"오늘은 검은색이었어요. 새로 산 지우개를 잃어버렸거든요."
"동생에게 화를 내고 나니 색깔이 연해졌어요."
"유치원 버스를 타고 오는 길은 너무 지루해요. 검은 갈색 같아요."

자신의 마음을 색으로 표현하는 아이. 아이의 마음이 색깔로 더욱 분명해졌다. 아이가 색으로 자신의 기분을 잘 설명할 때면 덩달아 마음이 시원해진다. 그 기분은 마치 물을 듬뿍 머금은 푸른색을 닮았다.

색으로 채우는 하루

하루 동안 느낀 감정들을 정리해요

두루뭉술한 하루를 시간대별로 쪼개어 분명하게 해보는 놀이입니다. 쪼개어진 하루들이 각각 어떤 감정이었는지 색으로 골라보면서 나의 하루를 분명히 하는 연습을 해봅니다.

준비하기

골판지, 가위, 색지, 코팅지, 벨크로

1

2

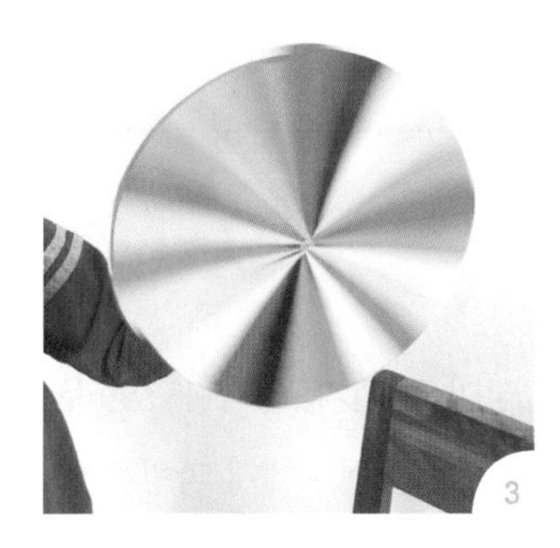

3

1 동그랗게 자른 골판지를 원의 중심을 기준으로 24칸으로 나눕니다. 한 칸의 크기에 맞게 색지를 여러 개 자른 뒤 코팅하고, 골판지에 색지가 붙을 수 있도록 벨크로를 붙입니다.

Tip 하루를 시간순으로 쪼개본다는 의미로 24칸으로 나눕니다.

2 하루를 시간 단위로 돌아보면서 그때 감정에 어울리는 색을 골라 원형 골판지에 붙입니다.

3 색이 채워진 원형 판을 돌리고 멈춰보면서 돌리면 모호해지고 멈추면 선명해지는 색의 차이를 통해 감정을 분명하게 구분해야 하는 이유를 설명해줍니다.

Tip 색의 경계가 모호해지는 모습을 보며 하루를 천천히 되짚어가다 보면 모호한 감정들이 하나씩 분명해질 거라는 이야기를 나눠보아요.

색을 통한 감정 이야기, 어떻게 시작할까?

흔히 화난 감정은 빨강, 행복은 노랑, 편안함은 초록, 슬픔은 파랑, 무서움은 검정이 떠오른다고들 말한다. 그런데 색이라는 것은 여러 가지 이유에 의해 다르게 느껴질 수 있다. 아끼던 노란색 인형을 잃어버린 아이에게 노랑은 상실감과 슬픔의 색이 될 수 있지만, 망고 알레르기가 있는 아이에게 노랑은 불편함의 색이 될 수 있는 것처럼 말이다.

첫째 아이에게 노랑은 간식이다. 빵이고, 과자고, 바나나맛 우유다. 슬픔이라는 감정을 많이 겪어보지 못한 아이에게 파랑은 빨강과 마찬가지로 히어로의 파워를 돋보이게 만드는 색이다. 아이에게 파랑은 캡틴 아메리카와 캣보이처럼 멋진 히어로의 색이고, 빨강은 아이에게 불처럼 강한 힘의 히어로를 떠오르게 한다. 초록을 보면 아이는 숲을 떠올린다. 신나고, 흥미롭고, 발을 구르고 뛰어도 아무도 뭐라고 하지 않는 모험터인 만큼 아이에게 초록은 모험의 색이자 자유의 색이다.

색을 통한 감정의 이유가 아이들마다 다를 테니 아이들에게 '관념의 색'을 알려주기 전에 '경험의 색'을 먼저 물어보기를 권하고 싶다. '노란색은 행복이야', '파란색은 슬픔이야' 대신에 '너에게 행복은 어떤 색이니?', '화가 날 때는 어떤 색이 생각나?'라고 말이다. 아이가 대답하는 색에 대해 이유를 묻다 보면 아이의 생각과 감정을 이해할 수 있는 접점을 찾을 수 있을 것이다.

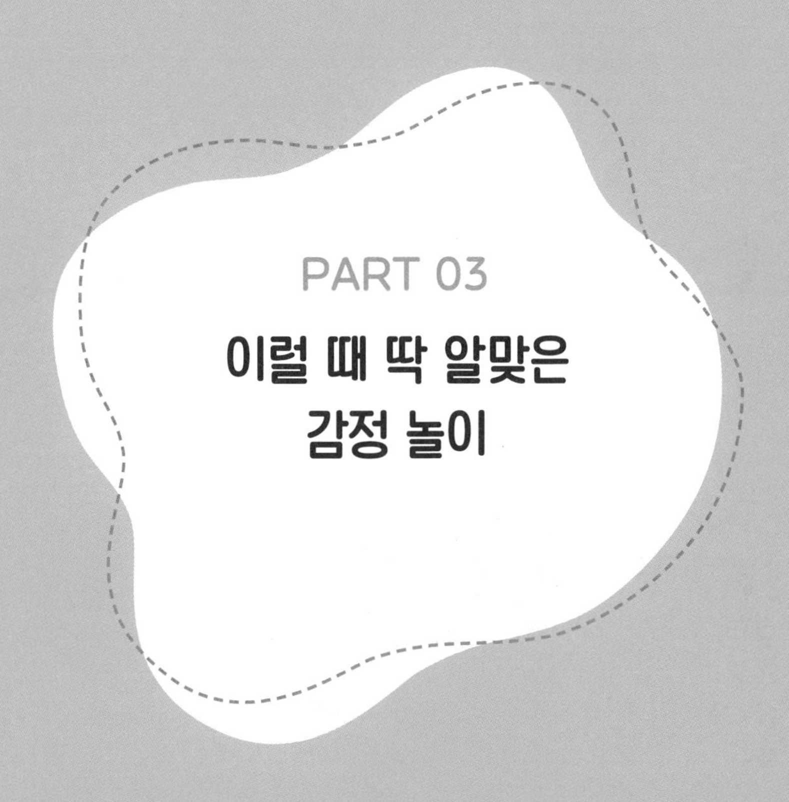

PART 03

이럴 때 딱 알맞은 감정 놀이

깜깜한 곳은 무서워요

아이에게 말해주세요

무서움은 피해야 하는 감정이 아니라
나에게 꼭 필요한 감정이야. 무서움을 잘 살펴봐.
내 감정이니 무서움을 조절할 수 있는 힘은 내 안에 있어.

어둠 속을 비춰 봐

곤히 잠자던 아이가 별안간 무서운 꿈을 꾸었다며 나를 흔들어 깨웠다. 그날 무서운 꿈을 경험한 아이는 이후 종종 깜깜한 곳이 무섭다는 말을 하곤 했다. 어떤 것도 두려울 것이 없던 우주최강파워 일곱 살 아이에게 드디어 무서운 감정이 생겨난 것이다. 주변 엄마들로부터 아이가 종종 무섭다는 말을 해서 고민이라는 이야기를 들었을 때 '내 아이는 그렇지 않으니 용감한 건가? 아직 무서움을 모르는 건가?' 하고 의아했는데, 아이에게도 드디어 무서움을 알게 되는 자연스러운 성장의 변화가 나타났다.

그림책 《괴물이 오면》에서는 무서움이라는 감정을 스스로 둔감시킬 수 있도록 돕는 엄마의 지혜가 돋보인다. 괴물이 나올까 봐 무섭다는 아이에게 엄마는 그 괴물이 어디서, 어떻게 왔고, 괴물의 기분이 어떠할지 물어보면서 아이가 막연하게 무서워하는 상상 속 괴물의 실체를 구체화하도록 이끈다. 엄마의 질문에 따라 아이는 그럴듯한 대답으로 맞장구를 치니 어느새 무서웠던 마음이 작아진다. '엄마, 괴물이 오면 좀 쉬었다 가라고 해줘. 알았지?'라는 그림책 속 아이의 마지막 말이 인상적이었다.

무서움이라는 감정은 피하고 숨겨야 하는 부정적인 감정이 아니라 그저 내가 느끼는 감정들 중 하나이고, 위험한 상황에서 벗어날 수 있게 도와주거나, 도움을 청할 수 있도록 알려주는 중요한 감정임을 가르쳐주고 싶었다.

그렇기 때문에 막연히 무서워 피하는 것이 아니라 아이가 느끼는 무서움을 구체화시켜 무서움을 이해하고, 내가 느끼는 무서움의 강도를 스스로 조절하는 경험을 해보기로 했다.

검은색 도화지를 여러 모양으로 잘랐다. 그리고 흰색 도화지를 덧붙인 뒤 검은색 모양을 따라 오려냈다. 잘려진 모양들을 모두 검은색 면이 위로 보이도록 펼쳐두고는 아이가 무서워하는 실체에 대한 이야기를 해보기로 했다.

"깜깜한 곳에서 널 무섭게 하는 괴물 말이야."

"괴물이 아니라 외계인이에요."

"괴물이 아니라 외계인이구나. 그 외계인, 어떤 모습인지 이 모양들로 만들어볼 수 있겠어?"

"팔다리가 여러 개 달려 있어요. 진짜 무섭게."

아이는 검은색 종잇조각들을 이리저리 옮겨 붙이며 그동안 무서워했던 외계인의 모습을 만들어갔다. 외계인의 모습을 테이프로 단단하게 붙이니 그동안 아이가 무서워하던 외계인의 모습이 드러났다. 아이에게 손전등을 건네주었다.

"외계인이 깜깜한 곳에 있어서 잘 안 보인다. 잘 보일 수 있도록 불을 한번 켜보자!"

아이가 비춘 손전등 불빛이 외계인의 몸에 닿았을 때 빠르게 외계인을 반대로 뒤집었다. 방금 전까지 검은색이었던 외계인이 불빛을 받아 흰색으로 바뀌었다. 밝은 곳에서 보이는 외계인의 모습을 좀 더 구체화하기 위해 색을 칠해보기로 했다.

물감으로 구석구석 색을 칠하고 나니 그동안 아이가 무서워하던 외계인의 모습이 더욱 분명하게 드러났다. 아이는 색을 칠하면서 외계인이 '토마토 색깔 몸에 밤톨이 같은 얼굴'이라며 '이오시스 X1'이라는 이름도 정해주었다.

"이오시스 X1이 왜 무서워?"
"사람들을 막 괴롭히거든요."
"그래? 사람들을 괴롭히러 온 거구나. 어디서 온 걸까?"
"당연히 우주에서 왔지요."

이후로도 외계인은 우주에서 직접 만든 로봇을 타고 왔으며, 매일 밤마다 자신의 방에 왔다가 사라진다고 했다.

“그런데 외계인은 왜 매일 밤마다 오는 걸까?”
“매일 밤마다 내 머릿속에 나쁜 생각을 넣어주려고요.”
“어떻게 넣어주는데?”
“이렇게 던져요.”
“그렇게 던지면 나쁜 생각이 네 머릿속으로 들어와?”
“맞아요.”
“나쁜 생각을 손으로 툭 치면서 ‘됐거든!’ 하고 돌려보내면 어때?”

그 말에 아이가 웃었다. 주변에 있던 색종이 한 장을 꼬깃꼬깃 접어 외계인이 된 듯 아이 머리에 갖다 댔다. ‘나쁜 생각 들어가라!’ 그 말에 아이가 ‘됐거든!’이라고 외치면서 색종이를 손으로 받아쳤다. 그러기를 몇 번.

“만약에 네가 너무 세게 받아쳐서 무서운 생각들이 모두 외계인 머릿속으로 들어가면 어쩌지? 그러다 외계인이 나쁜 생각이 너무 많아 힘들어하면?”
“내가 포근한 생각을 나눠주면 되지요. 자, 여기.”

아이가 다른 색종이 한 장을 꼬깃꼬깃 접더니 내게 건넸다. 그날 아이는 그동안 어둠을 보며 무서워했던 이오시스 X1과 첫 대면을 했다.

"엄마, 우리 집에 동물이 나타나면 어떡해?"

"무슨 동물?"

"사자, 치타, 곰…"

"왜 나타나는데?"

"잡아먹으려고."

"사자랑 치타는 고기를 먹는데, 우리 집에는 사자랑 치타가 먹을 고기가 없으니까 아마 그냥 갈걸?"

"그럼 곰은?"

"곰은 꿀이랑 과일을 먹으니까 엄마가 좀 준비해볼까? 먹고 가라고."

"그럼, 몬스터가 나타나면 어떡해?"

"왜 왔는지 한번 물어보지 뭐. 배가 고픈지, 다쳤는지, 심심한지…"

조금 일찍 무서움을 알게 된 둘째 아이. 첫째 아이와 나눴던 대화의 경험으로 둘째 아이의 무서움도 구체화하는 대화가 요즘 진행 중이다.

어둠 속을 비춰 봐

무서움의 크기를 조절해요

막연히 무섭다고 생각되는 감정을 다르게 바꿔보는 놀이입니다. 무서움을 조절하는 힘이 나에게 있다고 믿으며 무서움이라는 감정의 크기를 상상을 통해 스스로 변화시키는 연습을 해봅니다.

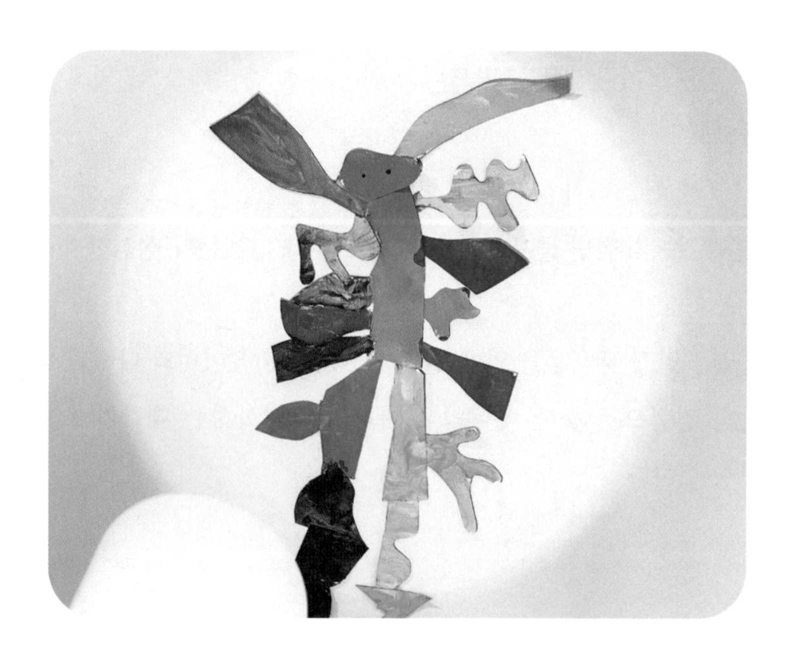

준비하기

검은색 도화지, 흰색 도화지, 가위, 테이프, 물감, 붓, 손전등

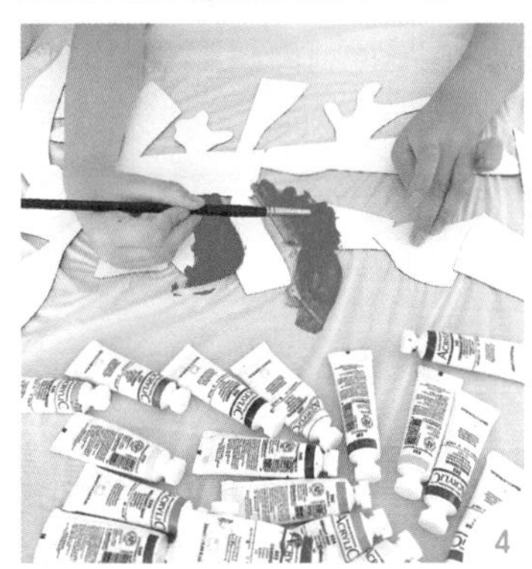

1 검은색 도화지와 흰색 도화지를 겹쳐 붙여 한쪽은 검은색, 한쪽은 흰색인 모양 여러 개를 만듭니다.
2 검은색 면을 위로 놓고 아이가 생각하는 무서움을 만든 뒤 테이프를 사용해 연결합니다.
3 2에서 만든 무서움에 손전등을 비추어 빛이 닿는 순간 뒤집어 흰 면이 위로 향하도록 합니다.

> *Tip* 어둠속 막연한 무서움을 밝은 곳으로 꺼낸다는 생각으로 손전등의 불빛이 검은색 이미지에 닿을 때 빠르게 뒤집는 것이 중요해요.

4 무서움을 물감으로 색칠해주며 어두워서 보이지 않았던 무서움의 모습을 분명하게 만듭니다.

> *Tip* 무서움의 이유와 왜 무서움이 왔는지, 이름이 무엇인지 등의 질문을 통해 무서움의 이미지를 친숙하게 바꿔보아요.

때로는 칭찬이 불편해요

아이에게 말해주세요

남들의 시선 때문에 잘하려고 애쓰지 않아도 돼.
무엇을 대단히 잘하지 않아도 괜찮고, 실패해도 괜찮아.
무거운 칭찬 대신 네가 좋아하는 것을 즐겨봐.

잘 가라! 무거운 칭찬들

'참 잘한다. 대단하네.'

아이들의 일상을 관찰해보면 사소한 일에서도 칭찬받는 일이 참 많다. 인사를 잘해도, 밥을 잘 먹어도 칭찬을 받는다. 말로 하는 칭찬 외에도 칭찬 스티커, 칭찬 도장, 칭찬 배지 등 종류도 다양하다. 아이에게 자신감을 심어주기 위한 수단임을 알면서도 자칫 칭찬에 끌려 본질적인 것들을 놓치고 있지 않을까 싶어 나는 종종 아이의 표정을 살피게 된다.

《슈퍼 거북》, 《슈퍼 토끼》에서 한 번의 경주로 인해 하루아침에 패배자가 된 토끼는 주변의 기대가 사라지자 더 이상 달리기를 하지 않겠다 결심하고, '슈퍼 거북'이라는 명예를 얻은 거북이는 주변의 기대에 부응하고자 더욱 빨라지기로 결심한다.

잘하지 않아도 괜찮고, 실패해도 괜찮은데… '잘했다'라는 결과에 맞추어 칭찬을 듣고 자란 아이는 이후에 무엇이든 잘해야 한다는 생각에 사로잡히게 될까 봐 나는 아이의 표정을 살폈다. 아이와 주변의 평가를 가볍게 툭툭 털어내는 연습을 해보기로 했다.

나는 핑크색 포스트잇에, 아이는 노란색 포스트잇에 그동안 주변에서 들었던 크고 작은 칭찬들을 써보았다.

잘 만들었어, 밥 잘 먹는다, 그림을 잘 그리네, 친구들이랑 잘 노네, 의젓하네, 씩씩하네….

다음으로 짙은 민트색 포스트잇에 방금 전에 적었던 칭찬과 반대되는 말들을 써넣었다. '그림을 잘 그리네'라는 칭찬을 민트색 포스트잇에는 '그림이 좀 이상해'라는 말로 바꾸어 적는 식이었다. 그렇게 쓴 핑크색, 노란색, 민트색 포스트잇을 아이와 내 몸 구석구석에 붙였다. 나를 향한 칭찬, 부러움, 비난, 무시, 부족함 등의 평가들이 몸에 탁 달라붙었다.

아이가 좋아하는 '캡틴 아메리카'의 메인 테마곡을 틀었고, 우리는 몸에 붙은 모든 평가들을 거침없이 떼어냈다. 손이 잘 닿지 않는 부분은 몸을 흔들고 점프하면서 포스트잇을 하나둘 털어냈다.

그동안 나를 향하던 평가들이 순식간에 바닥에 떨어졌다. 바닥에 떨어진 포스트잇을 쓸어 모아 꼬깃꼬깃 구겨 움켜쥐었다. 주변의 평가로는 나를 흔들 수 없다는 일종의 굳은 다짐이었다.

어느 날, 퇴근한 남편이 동생과 사이좋게 놀고 있는 첫째 아이를 보더니 혹시 첫째 아이가 칭찬 받기 위해 동생을 잘 돌보려고 애쓰고 있는 것은 아닌지 살펴보자고 했다. 그날 밤, 잠자리에 누워 아이에게 아빠의 마음을 대신 전해주었다.

"엄마, 아빠가 널 사랑하는 마음은 동생을 잘 돌보면 커지고, 동생을 잘 돌보지 못하면 작아지는 마음이 아니야. 뭘 잘하지 않아도 이미 태어난 자체로 충분히 소중하고 예뻐서 엄마, 아빠는 언제나 무한 사랑이야. 알지?"

그 말을 들은 아이가 품으로 파고들었다. 아이의 따듯한 손과 숨결이 전해지던 밤, 주변의 기대, 평가, 칭찬에 흔들리지 않을 느긋한 마음이 아이 곁에 있기를 바라며 품에 파고든 아이를 더욱 꼬옥 안아주었다.

잘 가라! 무거운 칭찬들

남들의 평가에서 벗어나 나에게 집중해요

주변의 평가에서 스스로 벗어날 수 있도록 주체적인 경험을 할 수 있는 놀이입니다. 모든 평가를 훌훌 털어내고 상대방이 아닌 오롯이 나에게 집중하는 태도를 배울 수 있습니다.

준비하기

색이 다른 두 종류의 포스트잇, 펜

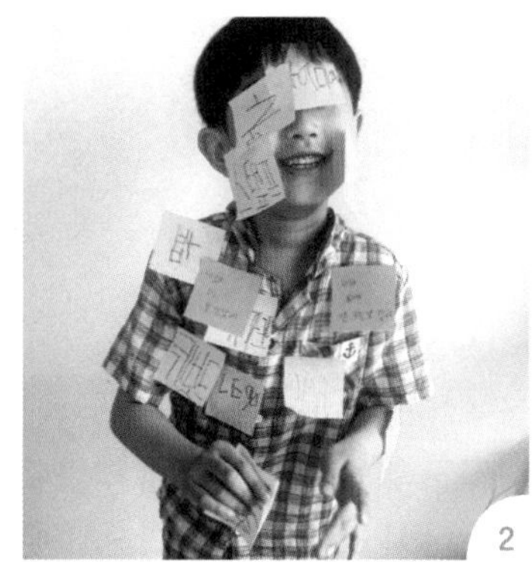

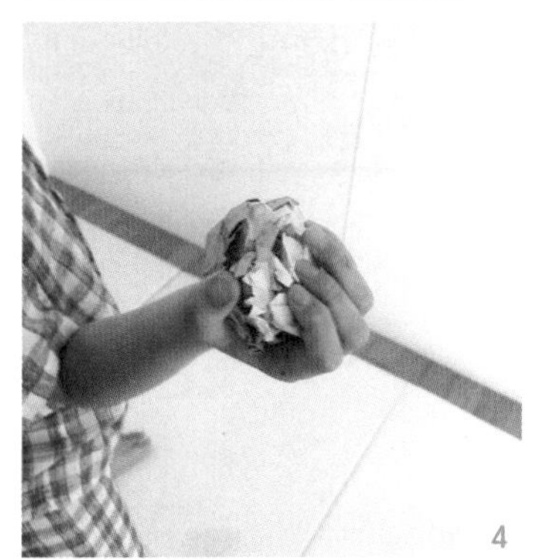

1 한 종류의 포스트잇에 그동안 들었던 칭찬들을, 다른 포스트잇에는 듣기 불편했던 말들을 적습니다.

Tip 아이와 엄마가 함께하면 더욱 좋아요.

2 1의 포스트잇들을 몸 구석구석에 붙입니다.

3 '과감하고 힘 있게' 몸에 붙어 있는 포스트잇들을 떼어냅니다.

Tip 주변의 평가가 나를 휘두를 수 없다는 강한 의미를 담아 '과감하고 힘 있게' 떼어내는 것이 중요합니다.

4 포스트잇을 한데 뭉친 뒤, 단단하게 손에 쥐고 어떻게 하고 싶은지에 대해 아이에게 묻고 실행해봅니다.

Tip 떼어낸 포스트잇을 버리거나 숨겨두거나 가지고 놀 수도 있어요.

나는 그게 좋은데, 남들은 별로라고 해요

아이에게 말해주세요

남들과 똑같이 행동하지 않아도 괜찮고,
남들과 똑같이 생각하지 않아도 괜찮아.
다른 사람이 별로라고 해도 내가 좋다면 그것으로 충분해.

《줄무늬가 생겼어요》의 주인공 카밀라는 친구들의 시선에 크게 신경을 쓰는 아이다. 학교에 가기 위해 옷을 여러 번 갈아입고, 친구들이 이상하게 볼까 싶어 좋아하는 아욱콩도 절대 먹지 않는다. 그러던 어느 날, 카밀라의 몸에 줄무늬가 생기더니 주변 사람들의 사소한 말 한마디에 몸이 휙휙 변하기 시작한다. 그런 카밀라를 보고 있자니 주변 사람들에게 'No'를 받지 않기 위해 애쓰고, 그 불편한 마음을 어떻게 해야 할지 몰라 답답해하던 내가 보였다.

요즘 아이들을 보니 어렸을 때부터 평가받는 일이 더 많아 보인다. 유치원도, 학원도 시험을 봐서 들어가야 한다니. 자신이 좋아하는 일이 무엇인지 알아차리기도 전에 평가받는 것을 당연하게 여기게 되는 것은 아닐지 마음이 조마조마하다. 주변의 'No'에도 흔들리지 않고 내가 좋아하는 것에 마음껏 집중할 수 있는 당당한 마음을 배울 수 있다면 얼마나 좋을까. 그 마음을 아이와 나눠보기로 했다.

"카밀라가 아욱콩을 먹고 있는데 누군가 와서 '아욱콩 진짜 맛없는데 그걸 먹다니' 하면서 놀리는 거야. 그럴 때 카밀라는 어떻게 하는 게 좋을까?"

아이는 말이 없었다. 상대방과 나의 생각이 일치하면 좋겠지만, 생각이란 서로 다를 수 있고 그것은 아주 자연스럽고 당연한 일이다. 아이와 서로의 입장 차이를 이해하고, 나와 다른 생각의 차이 속에서 주체적으로 내 생각을 믿고 지킬 수 있는 연습을 해보기로 했다.

아이와 함께 외부의 'No'로부터 나를 지킬 수 있는 말들을 찾아보았다. 한참의 고민 끝에 '내 생각은 달라요', '너는 그렇구나', '그럴 수 있지', '모 어때?(뭐 어때?)', '내가 좋으면 괜찮아'와 같은 말들이 정해졌다. 아이가 찾은 말들을 종이에 적은 뒤, 그것들을 활용해 불편한 상황들에 대처해보기로 했다.

"지금 네가 만든 거 진짜 이상한데?"
"오늘 네 헤어스타일 진짜 마음에 안 들어."
"나 너 싫어!"

의도적으로 연출된 엄마의 불편한 말을 듣고 아이는 '나를 지켜줄 말'이 적힌 종이를 하나씩 골랐다. 아이가 고른 카드를 함께 소리 높여 읽었다. 입을 삐죽거리고, 눈썹을 치켜올리고, 고개를 갸우뚱하며 대수롭지 않은 표정도 곁들였다.

불편한 말을 굳이 한 번 해보고, 불편한 말에 대응해보는 간단한 연습이었다. 물론 한 번의 연습만으로 나를 지킬 마음이 부쩍 자라나는 것은 아니겠지만 나와 다른 생각을 가진 사람들에게 쉽게 상처받지 않고 담담하게 '그럴 수 있지'라고 생각하기 위한 경험이 분명 필요했다.

둘째 아이가 반찬이 맛이 없다며 입에 있던 것을 뱉어내자 당연히 아이가 좋아할 줄 알았는데 이상하다 여기며 무심코 한마디를 던진 때가 있었다.

"이상하다. 맛있는데 왜 맛없다고 하지?"

이 말을 들은 첫째 아이가 옆에서 한마디 덧붙였다.

"엄마, 정우는 그럴 수 있잖아요."

놀이를 기억하는 아이의 한마디. 이번에는 내가 '그렇구나' 하며 아이의 말에 맞장구를 쳤다.

마음 단단 슈퍼카드

남들의 생각에 흔들리지 않아요

내 생각과 다른 주변으로부터 쉽게 상처받지 않고, '그럴 수 있지'라는 마음으로 생각의 차이를 의연하게 받아들이는 연습을 해보는 놀이입니다. '사랑해', '고마워'라는 말을 배우듯, 나를 단단하게 지켜주는 말들을 배울 수 있습니다.

준비하기

종이, 펜

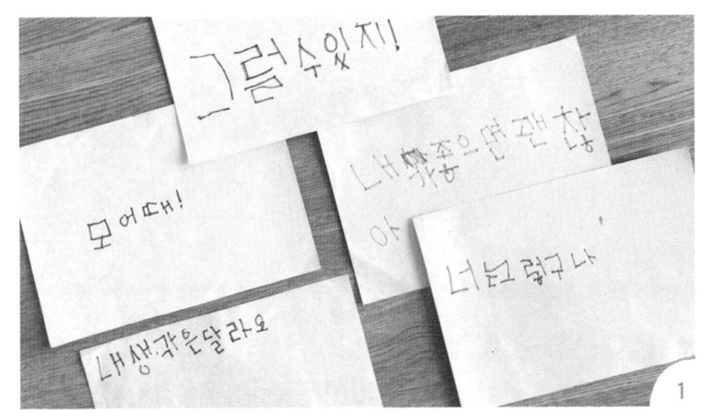

1

2

1 종이에 나를 단단하게 지키는 말들을 적습니다.

> *Tip* "그럴 수 있지!", "괜찮아!", "내가 좋으면 괜찮아!"와 같은 말을 적어 봅니다.

2 엄마가 불편한 말을 건네면, 아이가 1에서 적은 말들 중 하나를 골라 큰 소리로 말합니다.

> *Tip* 눈썹을 치켜 올리거나 어깨를 으쓱하는 등의 행동과 함께 하면 더욱 좋아요.

동생이 자꾸 내 물건을 가져가서 화가 나요

아이에게 말해주세요

언제든지 화난 마음이 생길 수 있어.
화난 마음은 참는 것보다 '잘' 전달하는 것이 중요해.
그때는 '몸'이 아닌 '말'로 전하는 것이 효과적이야.

화난 마음 나와라

둘째 아이가 걷기 시작하고, 점점 말로써 자기표현을 하면서부터 두 아이의 본격적인 싸움도 시작되었다. 형의 것이 궁금하지만 아직 허락을 구하는 일이 서투른 둘째 아이는 매번 허락도 없이 형의 물건을 가져간 뒤 자기 것이라 하니 순식간에 자기 것을 빼앗긴 첫째 아이는 화가 날 수밖에 없다.

주말에 아이들과 놀던 남편이 두 아이가 싸우는 장면을 목격했다. 남편은 첫째 아이를 보며 행여 자신이 동생에게 화를 내면 엄마, 아빠가 속상해할까 싶은 생각에 화난 마음을 애써 숨기지 않을까 걱정이 되고, 둘째 아이를 보면서는 소리를 지르며 있는 그대로 화를 쏟아내는 모습이 걱정된다고 했다. 부모로서 아이들의 화난 마음을 어떻게 대해야 할지 고민하다 그림책 《화를 낼까? 화를 풀까?》를 만났다.

책에는 화난 마음을 상징하는 뿔이 난 빨간 괴물이 등장한다. 빨간 괴물은 주인공 마일스에게 화난 마음에 대해 알려준다. 화가 나 소리칠수록 괴물은 몸집이 더 커지고, 강해지며, 무시무시해진다고 말이다. 빨간 괴물은 소리치는 방법 대신 무엇 때문에 화가 났고, 원하는 것이 무엇인지 말해보라고 한다.

감정을 '몸'으로 쏟아내는 것이 익숙한 아이들인데, 과연 화난 마음을 '말'로 전하는 일이 가능할까? 아이들과 함께 화난 마음을 이해해보기로 했다. 가족들이 모두 함께 집에 있던 날, 식탁 위에 커다란 비닐을 깔고 묵직한 점토를 올려놓았다. 그리고 화난 마음을 만나러 가자며 아이들을 불렀다.

아이들에게 화가 나서 소리를 지르고 싶은 마음, 누군가를 때리고 싶은 마음, 발을 쿵쿵대고 싶은 마음을 점토에 표현해보자고 했다. 아이들은 흙을 꼬집고, 주먹과 손바닥으로 두드리고, 잡아 뜯기도 하면서 화난 마음을 표현했다. 그러자 아이들이 몸으로 드러낸 화난 마음의 흔적들이 점토 위에 고스란히 남았다.

"화가 났을 때 소리를 지르거나, 물건을 던지거나, 상대방의 몸에 손을 댄다는 건 점토에 남은 흔적처럼 누군가에게 상처를 줄 수 있는 위험한 방법이야. 그래서 화가 났을 때는 다른 방법으로 내가 화가 났다는 걸 알려줘야 해."

온 가족이 둘러앉아 울퉁불퉁하게 변한 점토 덩어리를 한 줌씩 떼어내 각자의 화난 마음을 직접 만들어보기로 했다. 또한 화난 마음을 만들면서 언제 화가 나는지에 대해 '나 화법'으로 말해보자고 했다.

“나(아빠)는 계획한 일이 제대로 되지 않을 때 화가 나. 그래서 가능하면 하려고 했던 일은 계획한 대로 하고 싶어.”

“나(엄마)는 혼자만의 시간이 없을 때 화가 나. 나만의 시간이 있어야 에너지가 채워지거든. 그래서 잠깐이라도 쉴 시간이 있으면 좋겠어.”

“나는 동생이 내 물건을 자기 것이라고 할 때 화가 나요. 내 물건을 말없이 가져가지 않으면 좋겠어요.”

아직 말이 서툰 둘째 아이는 형아가 ‘아니야’라고 할 때 화가 난다고 했다. 서로의 화난 마음을 몸이 아닌 말로 나누다 보니 어느새 각자의 화난 마음도 완성되었다. 각자 생각하는 화난 마음의 모습을 함께 살펴보면서 고개를 끄덕였다.

나에게도 화난 마음은 어려운 감정이다. 하지만 아이들과 화난 마음을 알아보는 과정에서 나 역시 화난 마음이란 숨기고 참아야 하는 나쁜 마음이 아니라 불편함으로부터 나를 지켜주는 중요한 마음이라는 것을 배웠다. 화난 마음을 이해하니 나의 화난 마음을 아이들에게 잘 전달하고, 아이들의 화난 마음도 잘 살필 수 있는 여유가 생기기 시작했다.

화난 마음 나와라

화난 마음의 모습을 만들고 이야기해요

화난 마음의 모습을 있는 그대로 이해하고 '잘' 전달하기 위한 경험을 해보는 놀이입니다. 부드러운 점토로 마음의 모습을 편하게 나누고 '나 화법'으로 화를 전달하는 방법을 배울 수 있습니다.

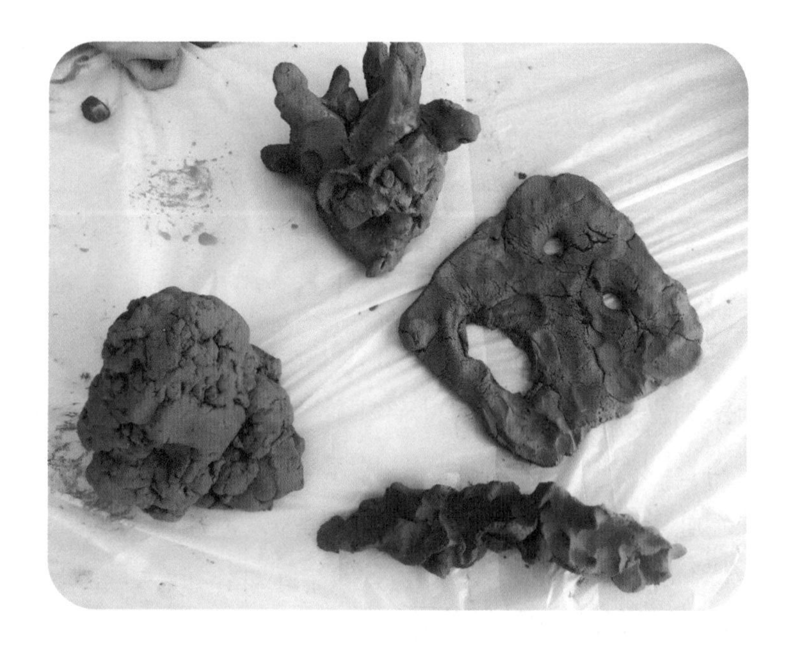

준비하기

점토

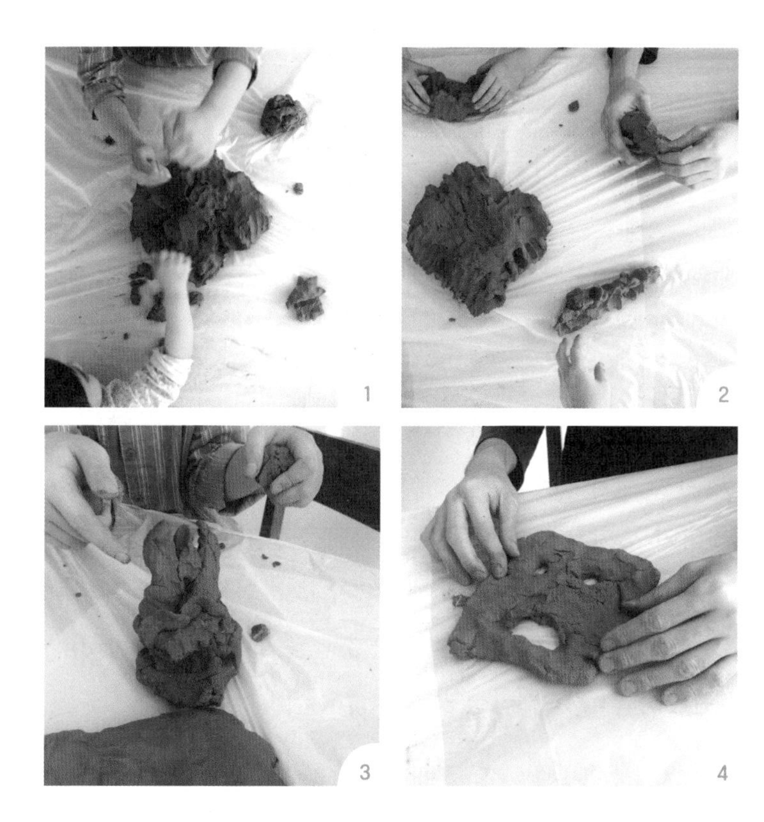

1 화가 났을 때 하는 행동을 점토에 한 뒤 점토에 남겨진 흔적들을 관찰합니다.

Tip 점토를 때리고 두드리고 던져본 뒤 점토에 남은 흔적을 보면서 화난 마음을 몸으로 드러낼 때 누군가에게 상처가 남을 수 있다는 이야기를 나눠보아요.

2 온 가족이 함께 각자의 화난 마음을 만들어봅니다.
3 2에서 만들어진 나의 화난 마음을 보며 그렇게 만든 이유를 말해봅니다.

Tip 화난 마음을 보며 언제 화가 나고, 화가 날 때는 어떻게 하고 싶은지 등을 '나 화법'을 사용해 '말'로 표현해봅니다.

4 다른 사람의 화난 마음에 대한 이야기를 들어봅니다.

'나 화법',
과연 일상에서 통할까?

아이들에게 나의 감정을 '잘' 전달하는 데 있어 '나 화법'은 꽤 유용하게 쓰인다. '나'를 주어로 하여 지금의 내 감정을 말하다보니 나의 불편한 감정들이 차분한 흐름 속에 아이들에게 전달되는 찰나가 느껴진다. 아이들이 엄마 말을 듣기 위해 엄마를 쳐다보고, 엄마의 말을 듣기 위해 행동을 멈추고 있는 찰나. 군더더기 없이 내 감정이 깔끔하게 전달된다고 느껴지는 그 찰나 말이다.

그렇다면 '나 화법', 과연 어떻게 하면 되는 것일까?

"나(엄마)는 네가 삐뚤어진 자세로 앉아서 밥을 넘으면 넘어질까 봐 걱정이 돼."

"나(엄마)는 힘들게 식사 준비를 했는데 아무도 오지 않아서 서운하고 허무한 기분이 들어."

이렇게 주어를 '나'로 하여 지금 나의 '기분'을 있는 그대로 전하면 된다. 감정이 격해졌을 때는 '스노글로브'가 흔들린 순간이니 스노글로브가 잠잠해질 때까지 한발 물러서는 것이 좋다. 시간이 지나면 내가 정말 하고 싶은 말이 조금씩 정리되기 때문이다.

"나(엄마)는 네가 넘어지지 않도록 바르게 앉아서 밥을 먹으면 좋겠어."

"나(엄마)는 온 가족이 함께 식사를 할 수 있도록 식사 시간을 지켜주면 좋겠어."

어떻게 해주면 좋겠는지에 대한 구체적인 바람을 '나'로 시작해서 말하면 되는데, '나'로 시작하는 말이니 '넌 도대체 왜 그래'라며 '남 탓'으로 떠넘기지 않고 현재 내 감정을 온전히 전달할 수 있다.

지금 우리 집에서는 '나 화법'으로 첫째 아이가 엄마의 말을 보고 배우고, 형의 모습을 보고 동생도 배우니 그동안 아이들과 나 사이에서 피하고 싶었던 불편한 감정들이 이제는 서로에게 잘 전달하고 싶은 감정이 되고 있다.

새로운 친구들이 낯설고 어색해요

아이에게 말해주세요

익숙함에서 벗어나는 일은 쉽지 않아.
그런데 의외로 괜찮을 때가 있더라.
경험이 없어서 낯설고 어색하지만 점점 편해지기도 하더라.

짝짝이 친구

“저희 집은 짝짝이 양말 자주 신어요. 아이들이 어렸을 때부터 짝 찾기 귀찮아서 그냥 신겼는데, 지금도 잘 신고 다니더라고요.”

“저는 지금도 짝짝이 양말 신고 있어요.”

그림책 모임을 하던 중 몇몇 사람이 한 말에 태어나서 단 한 번도 짝짝이 양말을 신어본 적 없는 나는 ‘진짜요? 왜요?’라는 반응을 내비쳤다. 그런데 놀란 마음을 드러내고 나니 이상한 기분이 들었다.

‘그러게. 고작 양말인데 무슨 큰일이 난다고 그동안 왜 그렇게 애를 써가며 짝을 맞춰 신었던 걸까?’

《짝짝이 양말》은 양말을 짝 맞추어 신는 일에 대해 지겹고 심심하고 재미없다 느끼는 샘의 궁금증으로부터 시작되는 이야기다. 샘은 엄마에게 양말을 왜 맞춰 신어야 하는지 묻지만 엄마는 그저 당연한 것이라고만 답해준다. 그런 샘이 어느 날 짝짝이 양말을 신고 학교에 가니 이내 친구들이 너도 나도 그 모습을 따라 짝짝이 양말을 신는다.

당연한 것들을 뒤집어 보는 샘의 발상과 시도에 그동안 의심 없이 당연하다고 생각했던 것들, 남들이 하니 나도 따라 하는 것이 편했던 마음, 차마 남들이 하지 않은 것에 도전해볼 용기가 없었던 나의 지난 모습들이 스쳐 지나갔다.

외출 계획이 있던 날, 가족들에게 짝짝이 양말을 신자고 제안했다. 그 말에 알겠다는 둘째 아이와 달리 남편은 '뭐 굳이…', 첫째 아이는 '싫어요'라는 반응을 보였지만, 결국 몇 번의 설득 끝에 온 가족이 짝짝이 양말에 도전하기로 했다.

그런데 막상 신으려고 하니 마음이 간질간질하면서 해서는 안 되는 일탈이라도 저지르는 것처럼 기분이 두근두근하면서 괜히 웃음이 났다. 그렇게 짝짝이 양말을 신발 안에 감춰두고 조금은 들뜬 마음으로 외출에 나섰다. 그런데 시간이 흐르고 나니 예상 외로 아무렇지도 않았다. '별거 아니었네. 괜찮은 거였는데 그동안 괜한 것에 너무 애를 썼네'라고 생각하니 그동안 양말 짝을 찾기 위해 분주했던 아침 풍경이 떠올라 허탈한 웃음이 났다.

짝짝이 양말은 아이의 유치원 생활에서도 엿볼 수 있었다. 유치원 반이 바뀌면서 함께 생활하는 친구들에도 변화가 생겼기 때문이다. 아이는 매일 함께 놀던 친구와 다른 반이 되었다며 아쉬워했지만, 걱정과 달리 얼마 지나지 않아 새로운 반에서 새로운 단짝 친구들이 생겼다고 했다. 새로운 반에 적응한 아이의 모습이 이전에 온 가족이 짝짝이 양말을 신었던 날의 기분과 닮아 보였다.

"짝짝이 양말 신을 때 말이야. 어땠어?"
"불편했어요."
"신을 때 좀 불편했지? 엄마도 그랬어. 그런데 웃기기도 하더라. 뭔가 하면 안 될 것 같은 일을 하는 기분이 들었는데 그게 양말이라고 생각하니까 더 웃음이 났어. 그런데 신고 나서도 불편했어?"
"그건 괜찮았어요."
"엄마도 그랬어. 정말 아무렇지 않더라. 그냥 똑같은 양말이었어."

짝짝이 양말을 신었던 경험과 아이에게 새로운 친구가 생긴 경험을 연결하여 놀이를 해보기로 했다. 양말 한 켤레를 사진으로 찍어 컬러 인쇄를 한 뒤, 양말 모양을 따라 가위로 오렸다. 양말 두 짝을 아이에게 건넸고, 그중 한 짝을 아이의 눈에 닿지 않는 곳에 숨겼다.

"원래 이 양말은 두 개가 짝꿍이야. 그런데 양말 한 짝을 잃어버린 거야. 그렇다면 남겨진 양말 한 짝을 어떻게 하면 좋을까?"
"안 신고 갈래요."

"그런데 밖이 정말 추워. 양말을 신지 않으면 꽁꽁 얼어버릴지도 몰라."

양말 모양으로 자른 흰 종이를 아이에게 주었다.

"이 양말의 새로운 짝을 만들어주면 어떨까?"

아이는 사인펜을 들고 양말 모양의 흰 종이를 꾸몄다. 잠시 뒤, 아이가 만든 양말 한 짝이 완성되었고, 아이가 꾸민 양말 한 짝을 사진으로 찍은 뒤 오려둔 양말 한 짝과 나란히 두었다. 그리고 《짝짝이 양말》과 아이의 유치원 이야기를 꺼냈다.

"이번에 유치원에서 반이 바뀌었잖아. 반이 바뀌면서 새로운 친구들도 생겼고. 엄마는 그 모습이 짝짝이 양말 같았어. 짝짝이 양말이 처음에는 신기 불편했지만 신고 나서는 금세 아무렇지 않았던 것처럼, 원래 함께 놀던 친구들이 없어도 새로운 친구들을 만나서 다시 잘 지내게 되는 모습과 닮았다고 생각했거든. 짝짝이 양말도, 짝짝이 친구도 의외로 괜찮다는 경험을 기억하면 좋을 것 같아."

그날 아이와 나는 오랫동안 아이의 새로운 친구들에 대한 이야기를 나누었다.

시간이 흘러 처음 '짝짝이 친구' 놀이를 한 이후에도 아이는 여전히 놀이의 기억을 가지고 있었다.

"엄마, 요즘은 그 친구랑 안 놀아요. 대신 다른 친구랑 놀아요."

예전 그때처럼 한창 친하게 지내던 친구와 함께 놀지 못해 서운해 저러나 싶어 표정을 살피는데, 아이의 표정이 밝았다. 그 모습에서 새로운 친구를 대하는 마음이 느긋해졌음을 알 수 있었다.

"지금 이 상황, 예전에 해본 '짝짝이 양말' 같지 않아? 처음 신을 때는 어색했는데 점점 괜찮아졌던 기분 말이야."
"맞아요! 짝짝이 양말!"

'짝짝이 양말'이라는 한마디에 놀이를 했던 경험을 기억하는 아이가 대견했다.

짝짝이 친구

낯설고 어색했지만 점점 편해져요

익숙하고 당연한 것에서 벗어나보는 놀이입니다. '짝짝이 양말'을 직접 신어보고 이야기를 나눠보면서 낯선 자극을 편하게 대할 수 있는 연습을 해봅니다.

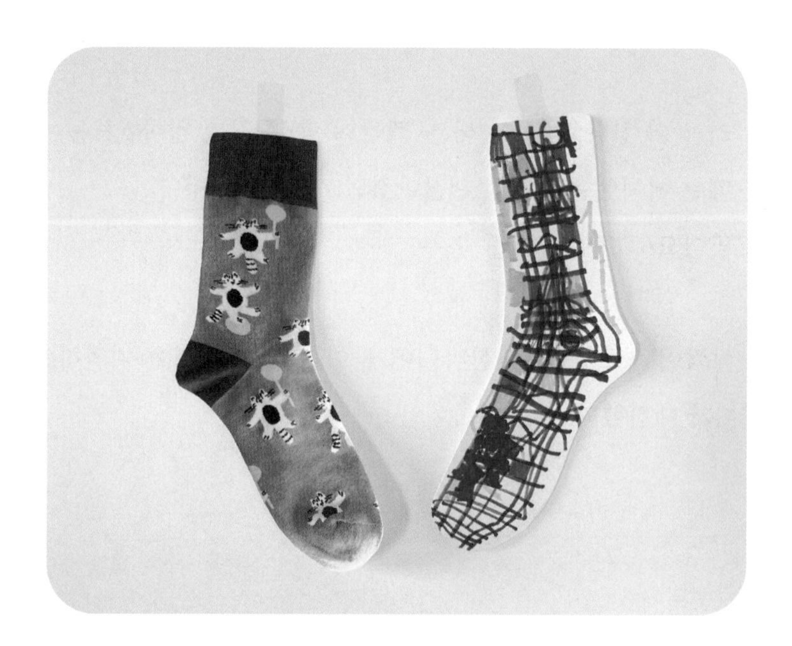

준비하기

양말, 카메라, 종이, 프린터, 가위, 컬러 펜

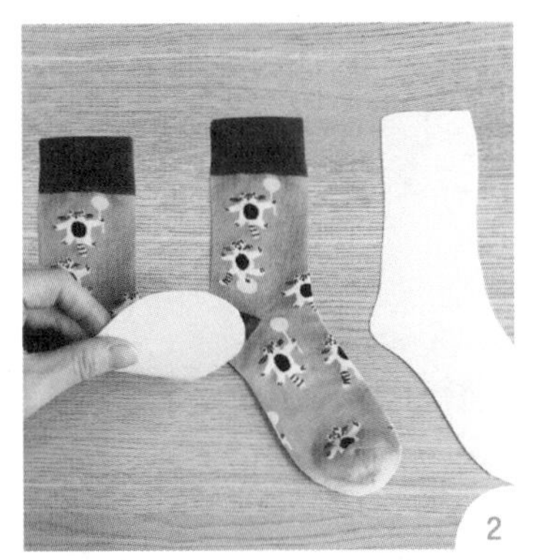

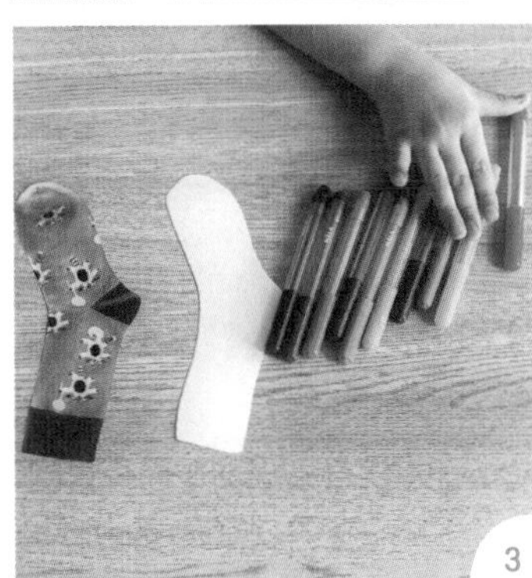

1 짝짝이 양말을 직접 신어보고 느낌을 말해봅니다.

> *Tip* 짝짝이 양말을 신고 외출하는 등 낯선 경험을 체험해봅니다.

2 양말 한 켤레를 사진으로 찍어 출력하고, 흰 도화지에 같은 모양의 양말을 그려 오린 뒤 함께 준비합니다.
3 출력한 양말 한 켤레 중에서 한 짝을 숨기고, 흰 도화지의 양말 모양을 짝으로 넣어둡니다.
4 흰 도화지의 양말 모양을 새로운 짝이라 생각하며 원하는 대로 꾸며줍니다.

> *Tip* 짝짝이 양말을 신었을 때의 기분과 새로운 친구가 생겼을 때의 경험을 서로 연결해 익숙하지 않아 생긴 불편함과, 불편함이 점점 줄어든 경험을 이야기해요.

왜 나쁜 말을 하면 안 돼요?

아이에게 말해주세요

말은 힘이 센 씨앗과 같아.
한 번 내뱉은 말은 주워담기 어렵고 쉽게 사라지지 않지.
어떤 말의 씨앗을 품을지 잘 생각해보고 말해야 해.

어떤 말의 씨앗을 품을래

아이와 함께 신체놀이를 하던 날이었다. 좋은 기분이 과했던 탓인지 아이가 놀이 중 적절하지 못한 말을 내뱉고 말았다. 놀란 마음에 하던 놀이를 멈추고 아이를 쳐다보니 아이는 되레 왜 놀이를 멈추었냐는 표정으로 나를 쳐다보았다. 아이에게 그 말이 어떤 의미로 쓰이는지 아냐고 물었더니 아이는 담임선생님께서 쓰면 안 되는 말이라고 주의를 주시지만, 친구들끼리 종종 쓰는 말이라고 했다. 아이의 말을 듣다 보니 앞으로 여러 가지 말을 듣고 자랄 아이에게 말에 대한 의미를 나눌 경험이 필요해 보였다.

말에 대한 그림책을 찾던 와중에 《나쁜 말이 불쑥》이라는 책을 만났다. 어른들 틈에 껴 있는 꼬마 엘버트가 있는 곳은 '우아한' 파티가 열리는 정원이다. 그러나 파티에 참석한 어른들의 표정으로 보아 어른들의 말이 우아하지 않음이 짐작된다.

잠시 후, 꼬마 엘버트의 입 속에 '우아하지 않은 말'이 들어갔다. 그런데 입 속에 들어갈 만큼 작은 크기였던 우아하지 않은 말이 엘버트의 입 밖으로 다시 튀어나올 때는 크고 흉측한 모습으로 변해 있었다.

말이란 한 번 내뱉는 것만으로도 충분히 힘이 세고, 다시 주워 담기 어렵다는 것. 말을 한다는 것의 의미를 내 몸에서 자라는 씨앗에 빗대어 놀이에 담아보기로 했다.

씨앗 모양으로 자른 종이를 아이에게 건넸다. 그리고 나를 날카롭게 만드는, 나를 무서운 사람처럼 보이게 만드는, 다른 사람을 불편하게 만드는 '적당하지 않은 말'의 색을 물감에서 골라 씨앗을 색칠했다. 그렇게 색칠된 씨앗은 적당하지 않은 말의 씨앗이 되었다.

그리고 입 밖으로 내뱉은 적당하지 않은 말을 지워본다는 의미로 씨앗 위에 칠해진 색을 다시 없애보기로 했다. 물티슈로 닦아보고, 붓에 물을 묻혀 문질러보고, 도구를 사용해 긁어내 보았다.

"흰색 물감을 위에 칠할까요?"

아이의 말에 '적당하지 않은 말의 씨앗' 위에 흰색 물감을 듬뿍 짜주었다. 하지만 하얗게 변하나 싶었던 씨앗은 물감이 마르면서 다시 밑색을 드러냈다. 여전히 적당하지 않은 말의 흔적이 흰색 물감 위로 색을 비쳤다.

"우리가 한 번 내뱉은 말은 씨앗 위에 지워지지 않는 색처럼 오래 남게 되는 거야."

흰색으로 덮인, 얼룩진 씨앗을 보며 아이에게 말의 의미와 가치에 대해 이야기해주었다. 그리고 쉽게 사라지지 않는 것이 '말'이라면 반대로 오래 남기면 좋을 말들을 찾아보자고 했다.

아이에게 아까와 같은 씨앗 모양의 흰 종이를 다시 건네주었다. 그리고는 나에게 용기를 주는, 내가 소중하다는 걸 느끼게 해주는, 내가 중요한 사람임을 깨닫게 해주는 '반짝이는 말'의 색을 찾아보기로 했다. 조금 전 했던 것처럼 '반짝이는 말'과 닮은 색의 물감을 골라 씨앗에 색을 칠한 뒤 오래 간직하자는 마음으로 완성된 씨앗을 작은 캔버스에 붙여주었다. 씨앗 옆에는 마음에 오래 남기고 싶은 말들을 아이의 글씨로 덧붙였다.

'반짝이는 말'과 '적당하지 않은 말' 중에서 아이는 어떤 씨앗을 품으며 자라게 될까. '반짝이는 말'의 씨앗이 아이에게 잘 뿌리내리길 바라면서 아이가 캔버스에 쓴 말들을 자주 해주기로 했다.

'사랑해. 고마워. 소중해. 충분해.'

어떤 말의 씨앗을 품을래

말이 가진 의미를 생각해요

'말'에 대한 의미를 생각해볼 수 있는 놀이입니다. 한 번 내뱉은 말은 쉽게 사라지지 않는다는 것을 물감을 칠하고, 지우는 경험으로 알아보고, 지워지지 않고 오래 간직하고 싶은 말을 찾아봅니다.

준비하기

흰 도화지, 가위, 채색 도구, 캔버스, 펜, 물티슈

1

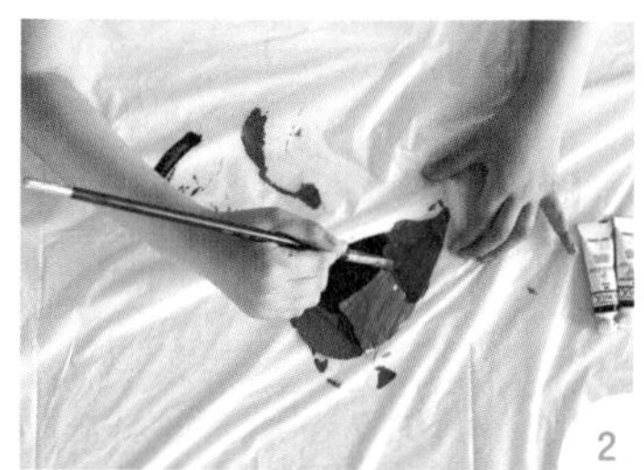
2

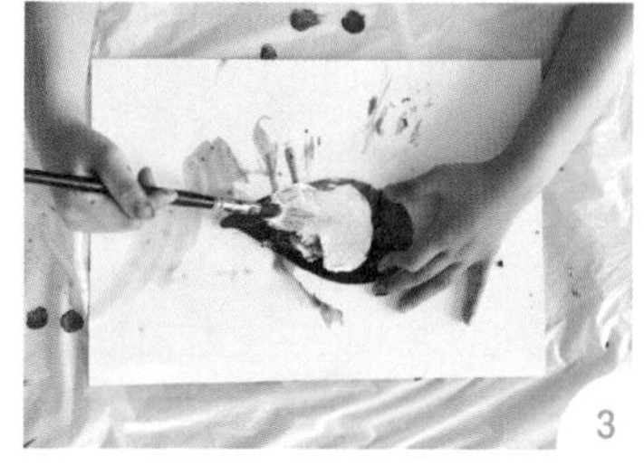
3

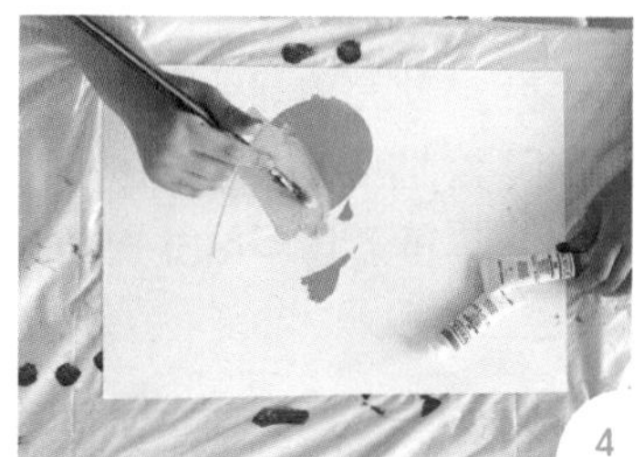
4

5

1 흰 도화지를 잘라 씨앗 두 개를 준비합니다.
2 1에서 만든 두 개의 씨앗 중 하나를 골라 '적당하지 않은 말'의 색을 찾아 칠합니다.
3 2의 씨앗에 칠해진 색을 물티슈, 흰색 물감 등을 이용해 지워봅니다.

> *Tip* 쉽게 지워지지 않고 흔적이 남은 모습을 보며 한 번 내뱉은 말은 쉽게 사라지지 않는다는 이야기를 나눠보아요.

4 1에서 만든 다른 한 개의 씨앗에 '반짝이는 말'의 색을 찾아 칠합니다.
5 4에서 만든 씨앗을 캔버스에 붙인 뒤, 지워지지 않고 오래 품고 싶은 '반짝이는 말'을 찾아 여백에 적어봅니다.

불편한 상황은 그냥 피하고 싶어요

아이에게 말해주세요

불편한 상황은 언제든 만날 수있는 당연한 일이야.
피해야 할 때도 있지만,
때로는 똑바로 마주해야 할 때도 있어.

불편하게 지내보자

아이와 나는 불편함을 대하는 방법이 서로 다르다. 불편함에 정면으로 맞서려는 경향이 높은 나와 달리 아이는 조용하게 문제를 해결하는 편을 선호한다. 문제가 생길 듯한 기미가 보이면 아이는 문제가 발생하지 않도록 미리 손을 쓰거나, 이미 문제가 생겼다면 상황을 조금 지켜보는 편이다. 아이의 그러한 모습은 '조용한 해결사' 같을 때도 있지만, 한편으로는 불편함을 피하고 싶은 모습처럼 보이기도 한다.

《곰씨의 의자》를 읽을 때도 그랬다. 토끼들로 인해 자신이 좋아하는 의자에서 편히 쉬기 어려운 곰씨가 고민 끝에 토끼들에게 자신의 생각을 힘겹게 말하는 장면이었다. 그림책을 보며 아이에게 물었다.

"만약에 말이야. 곰씨가 어렵게 자신의 시간과 자리를 지켜달라고 이야기를 꺼냈는데, 토끼가 오히려 화를 내는 거야. 의자도 긴데 욕심쟁이처럼 혼자 쓰려 하고, 지금까지는 아무 말도 없다가 이제 와서 왜 이런 소리를 하느냐고 하면서 말이야. 우성이가 곰씨라면 화를 내는 토끼한테 뭐라고 할 것 같아?"

한참을 고민하던 아이는 대답을 하지 않은 채 슬그머니 자리를 피하려 했다. 아직 어린아이이니 불편함이 익숙하지 않아서 그럴 거라 생각되었지만 불편함이라는 것은 언제든 마주칠 수 있는 일이기에 불편함을 놀이로 경험해보면서 즐거움의 기억과 불편함을 연결해보기로 했다.

"우리 오늘은 조금 불편하게 지내볼 거야."
"앗! 그런데 지금은 물부터 마시고 싶어요."
"물을 마시고 싶어? 그럼 이렇게 마셔보는 거야."

물을 마시려는 아이의 팔을 나의 팔과 꼬았다. 엄마의 행동에 아이는 웃음을 터트렸다.

"불편하게 지내는 방법. 또 뭐가 있을까? 신발을 좌우 바꿔 신는 건 어때? 엄마가 슬리퍼를 바꿔 신어볼게. 이것 봐! 엄지발가락이 튀어나오려고 해."
"뒤로 걷기 어때요? 집에서 뒤로 걸어 다니는 거예요. 이렇게."

아이가 저 멀리서 엉거주춤 뒤로 걸어오더니 재미있다며 웃음을 지었고, 익숙한 행동을 한두 번 비틀어 보니 불편해질 수 있는 아이디어들이 계속해서 쏟아져 나왔다.

"이번에는 불편하게 사탕을 먹어보자. 사탕을 벽에 붙여줄게. 이걸 떼면 먹을 수 있는 거야."

아이가 점프해도 닿기 어려운 높이에 사탕 하나를 붙였다. 있는 힘껏 점프해보지만 닿지 않는 사탕. 아이는 안 되겠는지 집게 장난감을 가지고 와서는 냉큼 벽에서 사탕을 떼어버렸다. 아이에게 말했다.

"와! 불편함을 느낄 때는 불편하지 않을 방법을 찾으면 되는구나."

식사 준비를 하면서도 어떻게 아이에게 불편하게 식사를 줄 수 있을지 고민했다. 평소라면 아이가 잘 먹는 반찬을 아이에게 가까이 두었겠지만, 그날은 달랐다. 불편한 식사를 위해 아이가 좋아하는 반찬은 아이로부터 멀리, 그다지 좋아하지 않는 반찬은 아이에게 가까운 위치에 두었다. 그리곤 그릇을 움직이지 않고 밥을 먹어보자고 했다.

불편한 식사를 하던 와중 아이가 꾀가 났는지 내게서 반찬 하나를 멀찍이 떨어뜨려 놓았다. 역으로 나의 식사가 불편해졌다.

"엄마가 반찬 좀 가까이 놓아달라고 부탁해볼게. 저 반찬 좀 가까이 놓아줄 수 있어?"

"여기요."

"고마워! 그럼 이번에는 거절도 한 번 해볼래? 저 반찬 좀 가까이 놓아줄 수 있어?"

"싫어요!"

"칫! 안 도와주네. 어쩔 수 없지. 내가 가지러 가야겠다."

아이의 거절에 뾰로통해진 연기를 하며 자리에서 일어났다. 그런 엄마의 행동이 재미있다며 웃는 아이였다.

불편하게 놀아본 이후, 아이가 겪는 불편한 상황들을 지켜보는 마음이 조금 느긋해졌다. 불편함을 겪지 않고서는 지낼 수 없다는 생각을 하니 불편하지 않게 아이를 곧장 도와주는 일이 아이에게 크게 도움이 되지 않는다는 것을 알았기 때문이다.

불편함이 뻔히 보이는 아이를 이제는 내버려둘 때가 많다. 도구를 이용해서 벽에 붙은 사탕을 떼어냈던 경험처럼 스스로 불편함을 해결해볼 수 있도록 하기 위함이다. 새로운 경험에 많이 부딪혀본 아이가 스스로 문제를 해결하는 힘도 커질 거라 믿으며 아이를 대신해 곧장 해결해주었던 일들을 이제는 종종 모르는 척하기도 한다.

"우성이가 최근에 크게 화가 난 일이 있었니?"

집에 오신 할머니가 차마 들어가기조차 힘들 만큼 흐트러진 아이의 방을 보고 말씀하셨다. 화가 난 것처럼 보이는 아이 방을 당장 구석구석 청소하고 싶은 마음을 그동안 모르는 척했는데, 어느 날 아이가 도저히 안 되겠다며 청소하고 싶으니 내게 도와줄 수 있겠냐고 물었다. 아마 엄마인 내가 먼저 청소를 하자 했다면 하기 싫은 내색을 보였을 텐데, 아이가 나서서 빨리 청소를 하고 싶다고 말하는 것을 보면 어지간히 불편했었나 보다.

종종 아무것도 모르는 엄마가 될 때도 있다. 아이의 질문에 바로 정답을 알려주기보다는 아이가 스스로 생각하며 원하는 답을 찾아가기를 바라는 마음에서였다.

식탁에 앉아 글을 쓰다가 'ㄹ' 방향을 헷갈린 아이가 엄마에게 물어봐도 바로 알려주지 않을 걸 아는지 엄마를 부르다 말고 벽에 걸린 달력에서 'ㄹ'을 찾아 고쳐 썼다.

어떻게 뭘 하고 놀까 고민하듯 불편한 일상에서도 스스로 답을 찾기를 바라기에 오늘도 아이의 질문에 바로 대답하지 않을 준비, 아이의 불편함을 모르는 척할 준비, 아무것도 모르는 엄마가 될 준비를 한다.

불편하게 지내보자

불편함에 대처할 수 있어요

익숙하지 않은 불편한 상황들을 직접 만들고 경험해보는 놀이입니다. 불편함을 겪지 않고 지낼 수는 없기에 놀이로 불편함을 경험해보면서, 그 기억으로 불편함을 대하는 마음이 조금 느긋해지기를 기대합니다.

준비하기

일상 속 물건

1 일상 속 당연한 행동들을 불편하게 만들어봅니다.

> *Tip* 몸을 비틀어 냉장고 문 열기, 뒤로 걷기, 신발 짝 바꿔 신기, 힘들게 간식 먹기, 불편하게 밥 먹기, 눈 가리고 주스 마시기 등 당연하게 생각했던 행동들을 불편하게 바꿔보아요.

2 불편한 상황에 어떻게 대처할 수 있을지 이야기를 나눠봅니다.

유치원에서 어땠는지 대답하기 어려워요

아이에게 말해주세요

오늘 유치원에서는 어떤 모양이었어?
오늘 기분은 어떤 모양이야?
엄마는 오늘 어떤 모양처럼 보여?

유치원에서 돌아온 아이에게 엄마는 궁금한 것이 많다. 유치원에서 있었던 일들을 아이가 알아서 술술 이야기해주면 좋겠지만, 그렇지 않기에 아이의 표정을 살피면서 유치원에서 어떻게 보냈는지 하나하나 물어보게 된다. 아이 입장에서 생각해보면 매일 같은 질문을 들으니 얼마나 피곤하고 귀찮을까 싶어 그만 물어봐야겠다는 생각이 들 때 《당근 유치원》을 만났다.

《당근 유치원》은 뾰족하고 빨간 토끼의 유치원 생활에 관한 이야기다. 그림책 속에 나온 유치원 모습들을 하나씩 짚어가며 아이의 유치원 생활을 슬쩍 물어봤는데, 웬걸. 이 토끼는 같은 반의 누구를 닮았고, 이 토끼는 누구와 비슷한데 그 친구는 매일 어떻게 하는지, 재미없는 수업 시간이면 자신도 그림책 속 토끼처럼 행동한다며 묻지도 않은 유치원 이야기까지도 술술 꺼내는 아이. 이렇게 그림책의 도움을 받아 무리 없이 자신의 이야기를 꺼내는 아이를 보니 대답을 이끌 만한 어떤 '도구'가 있다면 아이가 하고 싶은 말들을 조금 더 편하게 할 수 있도록 도와줄 수 있지 않을까 하는 기대가 생겼다.

흰 도화지를 임의대로 잘라 여러 개의 비정형 모양으로 만들고, 그 모양들을 도구 삼아 아이의 유치원 생활에 대한 이야기를 나눠보기로 했다. 잘라둔 모양들을 늘어놓은 뒤 아이에게 물었다.

"우성이 반에 A 있잖아. A의 모양을 여기에서 찾을 수 있겠어?"
"음… A는 이거요. 맨날 문제만 일으키거든요."

긴 고민 없이 모양을 골라내는 아이가 신기해 같은 반의 다른 친구들에게도 그에 어울리는 모양을 찾아주기로 했다. 유치원에서 가장 친절한 친구는 작은 동그라미로, 매일 팝콘 이야기를 하는 친구는 구멍이 뚫린 모양으로 연결되었다.

"우성이 반 친구들은 이런 모양이구나. 그런데 우성이는 어디 있어?"

아이는 자신이 반에서 가장 키가 크고 힘도 세다며 큰 동그라미를 골랐다.

"그럼 이 큰 동그라미는 어떤 모양이랑 가장 마음이 잘 맞을까?"
"당연히 이 모양이죠!"

자신과 마음이 잘 맞는 친구의 모양을 고른 아이는 늘어진 모양들을 이리저리 옮기면서 같은 반 친구들 중에서 누가 누구와 친하고, 누가 누구를 불편하게 하는지 이야기보따리를 풀었다. 한창 이야기를 하던 중 같은 반 친구들을 불편하게 만드는 친구에 대한 이야기가 나왔다. 그 친구 때문에 많이 불편한가 싶어 엄마의 도움이 필요한 상황인지 물으니 아니라고 했다. 아이는 모양 하나를 골라 꼬깃꼬깃하게 구기더니 고민 끝에 그 모양을 화장실 선반 위 구석에 올려두고서는 보이지 않는 곳에 떼어놓고 싶은 마음이라며 짓궂은 웃음을 보였다.

'놀이'로 이야기를 술술 꺼내는 아이를 보니 어쩌면 그동안 어떻게 말해야 할지 몰라 대답하지 못했을 수 있겠다는 생각이 들었다. 그날 이후 우리는 종종 모양을 꺼내 이야기를 나눈다.

"큰 동그라미는 오늘 어떤 모양이랑 잘 어울렸을까?"
"오늘은 유치원에서 어떤 모양이었어?"

모양을 가지고 이런저런 이야기를 꺼내는 아이를 보니 엄마의 질문에 한결 편안해진 아이의 얼굴이 보인다.

모양으로 말해요

마음속 이야기를 모양으로 만들어요

어떻게 말해야 할지 모르는 마음을 모양을 통해 전할 수 있는 놀이입니다. 모양에서 연상되는 이미지를 통해 하기 힘든 마음속 이야기를 찾는 연습을 해봅니다.

준비하기

흰 도화지, 가위

1

2

1 흰 도화지를 여러 모양으로 자릅니다.
2 "그 친구는 어떤 모양과 어울릴까?"라고 물으며 친구들의 모양을 하나씩 찾아보고, 그렇게 생각한 이유도 나눠봅니다.

> *Tip* 아이에게 자신의 모습도 모양으로 골라보도록 하고, 그렇게 생각한 이유도 나눠보아요.

비정형 모양이 감정을 다루는 데 좋은 이유

아이와 감정 놀이를 하다 보니 비정형 모양들이 보이지 않는 감정을 이야기하는 데 꽤 유용하게 쓰인다.

아이는 익숙하지 않은 낯선 모양들을 이리저리 돌려보며 친숙한 부분을 찾으려 하는데, 그 과정에서 자신의 경험과 감정이 작용하기 때문이다. 웃는 얼굴의 이미지를 보면 즐거운 감정이 즉시 떠오르는 것처럼 구체적인 이미지는 감정을 제한적으로 전달하게 된다. 이에 반해 비정형 모양은 감정 전달의 폭이 넓고 다양하다.

비정형 모양들을 보면서 '지금 기분이 어떤 모양이야?'라고 물어보면 아이에게서 생각지도 못했던 감정들이 모양을 통해 드러날 때가 많다. 익숙하지 않은 모양을 친숙하게 보려는 시도 때문인데, 예를 들어 뾰족한 모양을 보며 '내가 오늘 뾰족해질 만한 일이 있었나?'라며 나의 감정을 되짚어보게 되는 식이다.

종종 작은 주머니에 미리 잘라둔 비정형 모양 몇 개를 넣어 다닌다. 식당에 갔는데 주문한 메뉴가 오래 걸릴 때처럼 기다림이 필요한 상황에 이 주머니의 효과가 발휘된다.

"지금 기분을 모양들 중에서 골라볼 수 있겠어?"
"오늘 엄마는 어떤 모양 같아?"

아이는 모양에 빗대어 지금 순간의 감정을 살피고, 오늘 하루 가졌던 마음을 돌아볼 기회를 갖는다. 그리고 엄마는 어디서 또 아이의 속마음이 드러날지 모르니 귀를 기울이며 아이의 감정에 다가간다.

처음 해보는 일 낯설고 두려워요

아이에게 말해주세요

빨리 해내려고 애쓰지 않아도 괜찮아.
실패해도 괜찮아.
조금씩 천천히 하다보면 언젠가
원하는 것을 얻을 수 있을 거야.

조금씩 용기 놀이

호기심이 많아 새로운 일에 거부감이 없는 둘째 아이와 달리 첫째 아이는 어렸을 때부터 새로운 것에 적응하는 데 시간이 필요한 편이었다. 이런 아이의 모습을 보며 '지켜보는 시간이 필요한 아이'라 생각했다.

문화센터에서 새로운 수업을 할 때면 아이는 3주 정도는 엄마 무릎에 앉아 있는 것이 보통이었다. 어느 정도 관찰이 끝난 아이는 선생님과 하이파이브 한 번을 시작으로, 어느 날은 앞구르기 한 번, 다음번에는 체조 한 번으로 조금씩 적응력을 키우더니 얼마 지나지 않아 다른 아이들과 다름없이 수업을 즐겼다.

그 아이가 이제는 '지켜보는 시간'이 없어도 새로운 곳에 가고, 새로운 사람을 만나고, 새로운 일을 하는 것에 무리가 없게 되었으니 이따금 어릴 때 그 아이가 맞나 싶을 때가 있다. 아이가 이렇게 성장하는 모습들이 그림책 《두근두근》에서 보였다.

《두근두근》은 부끄럼이 많은 브레드씨의 이야기다. 부끄럼을 많이 타는 탓에 모두가 잠든 밤에 빵을 만드는 브레드씨는 고소한 빵 냄새를 맡고 찾아오는 동물들에게 빵을 구워주면서 누군가를 마주하는 일에 조금씩 용기를 갖게 된다. 조금씩 천천히 용기를 낸 브레드씨를 보며 아이와 참 많이 닮았다고 생각했다.

앞으로 아이에게 용기가 필요한 수많은 순간을 떠올려본다. 가본 적 없는 길이라 망설여지고, 해본 적 없는 일이라 주춤거릴 때 브레드씨가 조금씩 용기를 냈던 모습처럼 조금씩, 천천히 하다 보면 어느덧 원하는 것을 찾을 수 있을 것이라는 말을 해주고 싶었다.

그림책을 덮고 용기를 배울 수 있는 간단한 놀이를 해보기로 했다. 주변에 눈에 띄는 귤 하나와 노란색 블록 하나를 집어 들어 아이의 작은 걸음 정도 되는 거리의 양 끝에 두었다.

"이쪽 귤에서부터 저쪽 노란 블록까지 한 번에 갈 수 있겠어?"
"이 정도야 쉽죠!"

아이는 이 끝에서부터 저 끝까지 작은 폭을 가뿐히 뛰었다. 이번에는 아이가 점프해도 닿지 않을 만큼의 폭을 만들었다. 아이에게 이번에도 한 번에 뛸 수 있을지 물었다. 아이가 다리에 힘을 주고 점프해보지만 노란 블록까지 닿지 못했다.

"그럼 한 번에 점프해서 오지 말고 조금씩 걸어와볼래?"

그 말에 아이는 작은 걸음으로 종종 걸어오더니 이내 노란 블록을 집어들었다. 한 번에 점프해서 닿기에는 어려웠던 거리가 작은 걸음으로 걸어 금세 닿으니 그 모습이 브레드씨가 조금씩 문을 열고 나온 모습과 닮아 보였다.

하루가 다르게 성장하는 아이에게 그만큼 용기가 필요한 일들도 늘어난다. 엄마 품을 벗어나 첫 유치원 생활을 했을 때나 보조바퀴를 뗀 채 처음으로 두발자전거를 탔던 날처럼 말이다. 어쩌면 매운 김치를 물에 씻어서 먹는 일조차 아이에게는 굉장한 용기가 필요한 일일지도 모른다.

안방에서 엄마와 함께 자던 첫째 아이가 어느 날 자기 방에서 혼자 자고 싶다고 했다. 이부자리를 준비해주었는데, 다음 날 다시 마음이 바뀌었는지 안방에서 엄마와 함께 자고 싶다고 했다. 그 모습도 아이가 마주한 '두근두근' 같았다.

앞으로 아이가 마주하게 될 수많은 '두근두근'에 대해 생각해본다. 아직 엄마 없이 첫 심부름도 해보지 않은 아이. 아이는 그 '두근두근' 앞에서 어떤 마음으로 용기를 내게 될까? 어떤 마음이든 첫 시작이 두근거려 망설여지는 순간에 조금씩 한 발 한 발 걸었던 놀이를 기억하며, 스스로 문을 열고 나올 용기는 항상 내 마음속에 있다는 것을 잊지 않았으면 좋겠다.

조금씩 용기 놀이

두렵지만 조금씩 용기를 내봐요

처음이라 자신 없고 두려운 마음을 용기로 채울 수 있도록 돕는 놀이입니다. 피하거나 서두르지 않고 조금씩 하다보면 언젠가 원하는 것을 얻을 수 있다는 경험을 나눌 수 있습니다.

준비하기

사물 두 개

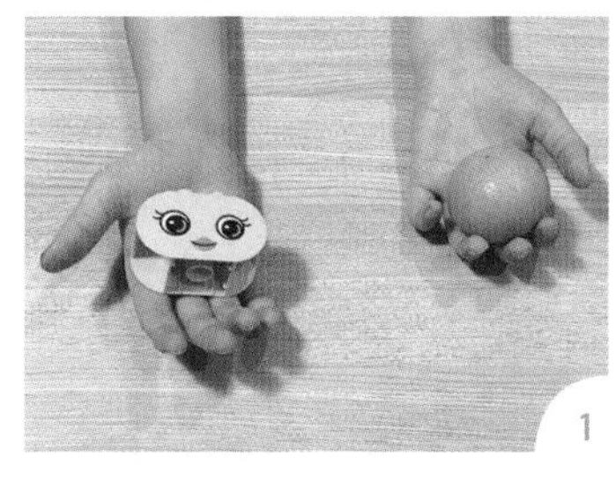

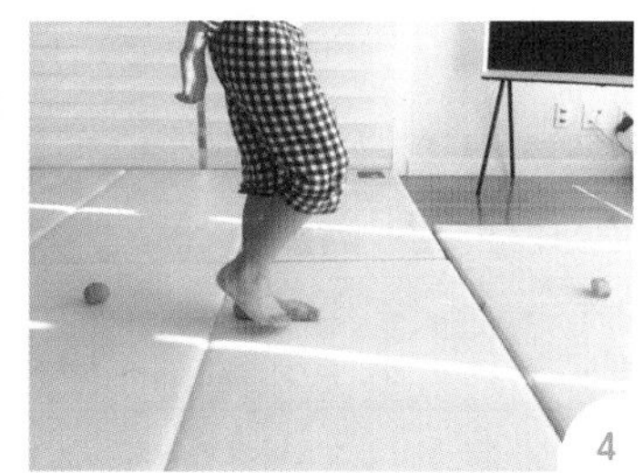

1 아이 손에 쥐어질 만한 크기의 사물 두 개를 준비합니다.

2 사물 두 개를 사용해 아이가 한걸음에 갈 수 '있는' 폭을 만들어 한 번에 점프해봅니다.

3 사물 두 개를 사용해 아이가 한걸음에 갈 수 '없는' 폭을 만든 뒤 한 번에 점프해봅니다.

4 3에서 만든 폭을 종종걸음으로 지나가봅니다.

Tip 한 번에 점프할 때는 닿지 않았던 거리가 종종걸음으로 쉽게 닿았던 것처럼 새로운 일을 시작할 때 서두르지 않고 조금씩 용기를 내길 바라는 응원을 아이에게 전해주세요.

감기에 걸려서 불편한 것 투성이에요

아이에게 말해주세요

불편한 마음은 씻어내고 오래 지니고 싶은
소중함과 감사함으로 하루를 채워보자.

씻어내고 채우고

첫째 아이에게서부터 시작된 감기 증상이 온 가족에게 퍼진 날이 있었다. 웬만해서 잘 아프지 않던 남편도 이번만큼은 피해 가지 못했으니 집에는 코를 훌쩍이는 소리와 기침 소리가 끊이지 않았다.

유치원은 물론이고 집 밖으로 나가지 못한 아이들은 보채기 시작했고, 목이 좋지 않던 나는 그런 아이들을 달랠 때마다 목에 가시가 걸린 듯한 통증 때문에 힘이 부쳤다.

'아프지 않은 날은 어땠더라?'

평범했던 지난날들의 소소한 모습들이 그리웠다. 아이스크림을 먹으며 기분 좋게 웃던 아이들, 자신이 고른 책을 먼저 읽어달라며 서로 기 싸움을 했던 아이들, 덥다고 옷을 훌러덩 벗고서는 '발가둥이'라 외치며 집 안을 휘젓고 다니던 아이들과 그런 아이들을 보며 소리 내어 웃던 순간들이 그리움이 되고, 감사함이 되었다.

'빨리 나으면 좋겠다. 어서 원래대로 돌아가면 좋겠다.'

《도깨비를 빨아버린 우리 엄마》는 빨래에 남다른 재능이 있는 엄마의 이야기다. 무슨 빨래가 저렇게 많은가 싶어 살펴보니 옷은 말할 것도 없고, 시계, 빗자루, 주전자, 냄비까지 손에 잡히는 거라면 모두 빨아버리는 손 힘 두둑한 엄마다. 표정은 또 어찌나 흐뭇해 보이는지 흥얼거리며 빨래를 즐기는 모습에 덩달아 시원한 기분이 든다. '저렇게 맨손으로 빨래를 하다가는 손이 틀 텐데', '저렇게 오랫동안 무릎을 굽히고 있으면 힘들 텐데'라며 걱정하지만, 엄마의 표정을 보니 이런 걱정 따위는 문제가 되지 않을 기세다.

그림책을 보며 아이에게 말했다.

"여기 빨래 잘하는 엄마가 우리의 감기도 씻어주면 얼마나 좋을까? 콧물 범벅이 된 얼굴도, 가시가 걸린 것 같은 목도, 어지러운 머리도, 불편한 하루도 몽땅 말이야."

"바이러스도요!"

우리도 빨래를 해보기로 했다. 감기로 인한 아픔, 불편해진 일상, 지친 몸과 마음을 모두 물로 씻어내기로 했다.

흰 천과 색연필을 준비했다. 얼룩 하나 없는 하얗고 깨끗한 천은 우리의 '평범한 날'이 되었고, 색연필은 '불편함'을 그리는 도구가 되었다. 색연필을 사용해 우리를 불편하게 만들었던 감기를 천 위에 그려보기로 했다. 아이는 흰색의 천 위에 물리치고 싶은 바이러스를 그렸고, 기침 때문에 힘든 얼굴, 멈추지 않는 콧물과 아이스크림을 먹고 싶어도 먹지 못해 짜증이 난 마음을 거침없이 그렸다. 아이의 빠른 손놀림에 지금의 불편함이 하나씩 모습을 드러냈다.

불편한 마음을 물로 씻어보기로 했다. 불편함이 가득 그려진 천을 물에 담그고 비누를 묻힌 뒤 조물조물 문질러 불편한 감정들을 꼼꼼히 씻어냈다. 도깨비를 빨아버린 엄마의 기분도 이랬을까? 술술 지워지는 빨랫감을 보며 아이의 기분이 점점 들뜨는 듯 보였다.

"여기 감기가 남아 있어. 조금 더 지워주자!"

"빠이빠이, 찡그린 얼굴! 빠이빠이, 우는 얼굴!"

불편함으로 가득 찼던 날이 조금씩 깨끗하게 지워졌다. 물기를 꼭 짜낸 뒤 탁탁 털어 베란다에 있는 빨래 건조대에 널어놓았다. 깨끗해진 우리의 날을 반기듯 열어둔 창문 틈 사이로 살랑살랑 기분 좋은 바람이 들어왔다.

다음 날, 뽀송하게 마른 천을 걷어냈다. 깨끗해진 천이 마치 감기가 말끔히 나은 우리 가족의 일상 같았다. 깨끗하게 돌아온 천으로 무엇을 해볼까 고민하다 보니 일상의 감사함이 느껴졌다. 언제든 원한다면 아이스크림을 먹을 수 있고, 밖에 나가고 싶다면 나가서 놀 수 있고, 말을 해도 목이 아프지 않은 소소한 일상들이 오래도록 남기고 싶은 감사한 순간이 되었다. 그 기분을 아이와 나누고 싶어 오래 남기고 싶은 감사함을 함께 찾아보기로 했다.

"감기가 나은 것처럼, 천이 깨끗해졌네. 깨끗하게 지워진 천을 보니까 기분이 어때?"

"개운하고 좋아요."

"불편함을 물로 씻어냈잖아. 그런데 진짜 고맙고 소중한 것들은 아무리 물에 씻어내도 지워지지 않으면 좋을 것 같아. 오래오래 간직할 수 있도록 말이야. 우성이에게 오래오래 간직하고 싶은, 진짜 고맙고 소중한 것이 뭐가 있을 것 같아?"

"소중한 건 진짜 많은데요?"

"그래? 그럼 그것들을 천 위에 남겨보면 어때?"

쉽게 지워지지 않고 오래 남겨야 하니 이번에는 색연필이 아닌 유성 매직을 아이에게 건넸다.

레고, 우리 가족, 사랑, 전자수첩

깨끗해진 천 위로 아이가 오래 간직하고 싶은 것들이 채워졌다. 그것들이 오래오래 지워지지 않고 아이에게 남아 있기를 바라본다.

불편함이 지워지고 깨끗해진 천, 아이의 바람이 담긴 천을 단정하게 접어 서랍에 넣었다.

아이의 바람이 오래오래 지워지지 않고 아이 곁에 있기를 바라는 마음도 함께 담았다.

씻어내고 채우고

불편한 감정을 씻어내고 감사함을 채워요

불편한 마음을 물로 씻어내는 놀이입니다. 나의 불편한 마음을 직접 시원하게 해결한 뒤 얻은 개운함으로 지워지지 않고 오래 남기고 싶은 소중함과 감사함에 대해 생각해봅니다.

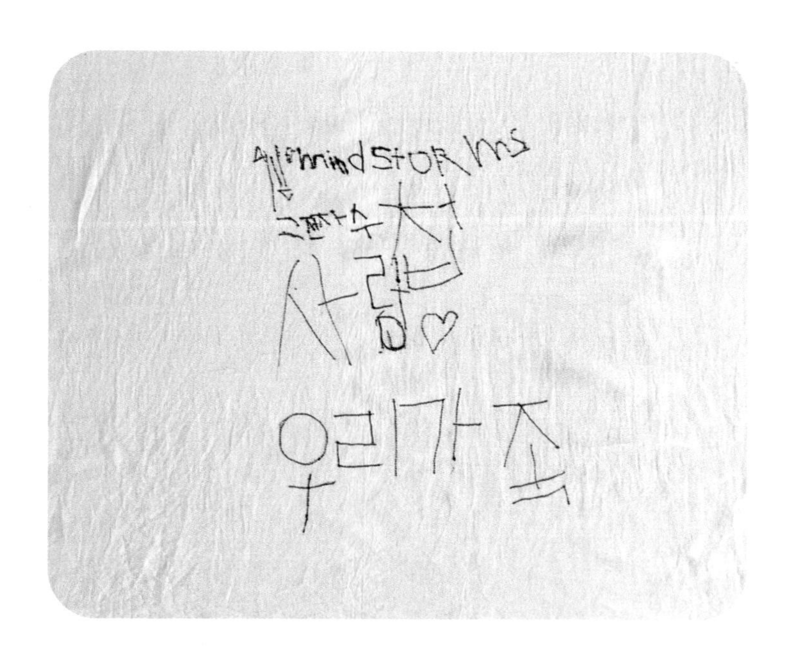

준비하기

천, 색연필, 유성 펜, 물, 비누

1 색연필로 천 위에 나를 불편하게 하는 것들의 그림을 그리거나 글을 씁니다.

Tip 놀이를 시작하기 전에 물에 지워지는 색연필인지 확인합니다.

2 물과 비누를 사용해 깨끗하게 지워봅니다.
3 햇빛이 잘 드는 곳에 깨끗이 빤 천을 널어 말립니다.
4 잘 마른 천 위에 유성 펜을 사용해 오래 남기고 싶은 것들에 대해 그림을 그리거나 글로 써봅니다.

Tip 오래 남기고 싶은 의미를 담아 물에 지워지지 않는 유성 펜을 사용합니다.

힘든 일이 자꾸 생겨요

아이에게 말해주세요

힘든 마음을 잘 살펴줘야 해.
잠깐은 모르는 척해도 되지만 오래 걸리지 않으면 좋겠어.
마음이 딱딱해지지 않게 잘 돌봐주길 바라.

딱딱해진 마음을 말랑말랑하게

몸과 마음이 힘든데 그 힘듦을 인정하지 못했던 적이 있었다. '힘드니까 힘든 거지'라는 안일한 생각만 했지, 그 마음을 살펴야 한다는 생각은 미처 하지 못하던 때였다.

《마음이 아플까봐》는 할아버지로 인해 세상을 향한 호기심을 키운 소녀가 할아버지가 사라지면 마음이 아플 것이 두려워 자신의 마음을 꺼내 병에 넣어둔다는 이야기다.

그런데 마음을 꺼내 병에 넣어둔다는 그림책 속 이야기를 보면서 육아에 힘든 마음을 제대로 살피지 못해 마음이 돌처럼 딱딱해졌던 지난 기억들이 떠올랐다. 새벽에 일어나 일기를 쓰기 시작하면서 조금씩 마음을 회복했던 경험들이 그림책 속 소녀가 병 속에 든 마음을 꺼내기 위해 애쓰는 마음과 닮아 있었다.

불편하고 힘든 마음을 왜 그렇게 인정하지 못했는지, 마음을 살펴야 한다고 생각하지 못했는지… 딱딱해진 마음을 알아차리지 못했던 그때의 기억이 떠올라 마음을 살피는 이야기를 아이와 나눠보기로 했다. 마침 적당한 날을 찾았다.

인후통이 심해져 말 한마디 하기 힘들던 날, 좋지 않은 컨디션에 아이들의 저녁 식사를 겨우 챙겼는데, 두 아이 모두 먹는 둥 마는 둥 식사를 마치더니 곧이어 첫째 아이가 화를 내는 상황까지 겹쳤다. 그날의 화난 마음을 아이와 나눠보았다.

말랑말랑한 마음과 딱딱한 마음을 촉감으로 연결해보기로 했다. 점토를 한 줌씩 아이와 나눠 가지고 화난 마음에 대해 한 번씩 말할 때마다 쥐고 있는 점토를 조금씩 떼어내 아이 한 번 나 한 번 탑처럼 쌓아올렸다.

"엄마는 목이 아픈 데도 저녁 준비를 했는데, 우성이랑 정우가 밥을 제대로 먹지 않아서 좀 화가 났었어. 우성이는 그날 뭐 때문에 화가 난 거였어?"

"우성이는 정우가 자꾸 '아니야. 아니야'라고 하니까 기분이 안 좋아졌어요."

"엄마는 몸이 아파서 쉬고 싶은데 아빠가 늦는다고 하니 쉴 수가 없는 상황이 좀 힘들다고 느껴졌어."

"나도 엄마의 화난 모습을 보면서 기분이 안 좋아졌어요."

아이 한 번, 엄마 한 번 주고받은 화난 마음들이 한곳에 모여 길쭉한 덩어리가 되었다. 이제부터 아이에게 한동안 이 '화난 마음 덩어리'를 베란다 선반 위에 올려두고 모르는 척할 거라고 했다.

화난 마음 덩어리는 베란다 선반 위에서 조금씩 딱딱하게 굳어졌고, 일주일쯤 지나고 나니 돌처럼 거칠고 단단하게 변해 있었다. 아이에게 화난 마음 덩어리를 보여주며 물었다.

"한번 만져봐. 느낌이 어때?"
"차가워요."
"또?"
"거칠어요. 돌처럼."
"맞아. 힘들고 불편한 마음을 모르는 척하고 제대로 살피지 않으면 지금 이 딱딱해진 화난 마음 덩어리처럼 마음도 딱딱하고 거칠고 차갑게 변할지도 몰라. 그래서 화난 마음도 잘 살피고 풀어주려는 노력이 필요해."

이제는 딱딱한 촉감을 경험한 아이와 적당한 날 그 마음을 풀어보기로 했다.
그 적당한 날은 할머니 댁에 가기로 한 날로 정했다. 미세먼지 없이 화창한 날씨가 마음을 풀기 더없이 좋은 날이었다. 딱딱해진 화난 마음을 챙겨 할머니 댁으로 출발했고, 도착하자마자 할머니 집 마당 한쪽에 자리를 잡았다.

"딱딱하게 변한 화난 마음 덩어리를 어떻게 다시 말랑말랑하게 만들 수 있을까?"
"가루로 만들면 될걸요?"

아이는 집에서 가지고 온 장난감 망치를 꺼내 화난 마음을 으깨서 가루로 만들겠다고 했다. 망치로 몇 번을 두드려본 아이는 쉽지 않은지 주위로 둘러보다 자신의 주먹 크기만 한 돌을 몇 개 가져와 화난 마음을 두드렸다. 돌로 두드리고 망치로 내리치고, 그러다 물을 뿌리고, 다시 망치로 화난 마음을 두드리는 아이. 그 모습이 병에 든 마음을 꺼내기 위해 애쓰는 소녀의 모습과 닮아 보였다.

마침내 병 속에서 마음을 꺼낸 소녀처럼 우리의 화난 마음 덩어리도 말랑말랑하게 돌아왔다.

"드디어 말랑말랑해졌다. 힘들지 않았어?"

"힘들었어요."

"그림책 소녀도 병 속에서 마음을 꺼내려고 할 때 힘들었을 것 같아. 우리는 이제 이 점토로 뭘 하면 좋을까?"

"음… 할머니 댁 마당에 꽃이 많으니 화분을 만들면 좋겠어요."

그림책 표지에 소녀가 마음이 담긴 병에 손을 지그시 대고 있는 장면이 기억에 남는다. 마치 병 안에 넣어두고 모르는 척했던 마음을 비로소 소녀가 마주하는 모습처럼 보였던 그 장면은 차갑고, 딱딱하게 변한 점토를 다시 말랑말랑하게 해보자고 결심했던 우리의 모습과 닮아 보였다.

아이의 유치원 등원을 준비하는 아침 시간. 동생까지 챙겨서 나가야 하다 보니 바쁘게 움직이고 있었는데, 그 모습을 본 첫째 아이가 한마디 했다.

"엄마, 우성이 유치원 데려다주고 오는 길에 크게 숨을 쉬어 봐요. 바쁜 마음이 입 밖으로 나오면 그건 밖에 두고 집에 들어가세요."

얼마나 예쁜 말이었는지 엄마를 생각해주는 마음도 고마웠지만 아이가 스스로 힘든 마음을 살펴야 한다는 생각을 품고 있는 말처럼 들려 저절로 미소가 지어졌다.

딱딱해진 마음을 말랑말랑하게

내 감정을 살피고 돌봐요

딱딱한 흙이 부드럽게 변하는 촉감의 경험을 통해 딱딱해진 마음도 돌봄과 살핌을 통해 다시 유연해질 수 있다는 것을 알려주는 놀이입니다. 내 마음이기에 내가 꾸준히 살펴봐야 함을 알려주세요.

준비하기

점토

1 아이와 엄마가 점토를 조금씩 떼어내 한곳에 모아 붙이면서 불편하고 힘들었던 마음의 이야기를 번갈아 말해봅니다.
2 불편하고 힘든 마음을 서늘한 곳에 두고 딱딱해지길 기다립니다.

Tip 불편하고 힘든 마음을 모르는 척하는 과정이라고 알려줍니다.

3 딱딱하게 굳은 점토를 부드럽게 만들기 위한 방법을 찾아봅니다.
4 처음에 말랑말랑했던 상태가 될 때까지 진행하고 기분을 나눠봅니다.

Tip 딱딱하게 굳은 점토를 말랑말랑하게 만드는 일이 힘들고 어려운 것처럼 힘든 마음을 회복하는 일 역시 어려운 일이니 꾸준히 살피고 돌봐주어야 한다는 이야기를 나눠요.

공감이 빠진 자리에 남은 찜찜함

하루에도 몇 번씩 '내 거야!'를 외치며 싸우는 세 살 터울의 두 아이. 그날도 두 아이가 서로 티격태격 싸우는 소리가 나더니 평소보다 화가 잔뜩 난 첫째 아이의 모습이 보였다.

화를 주체할 수 없어 낑낑대는 아이를 방으로 데리고 들어가 왜 화가 났는지 이유를 물으니 동생이 들고 있던 장난감에 팔을 부딪쳤다고 했다. 엄마가 어떻게 해주면 좋겠냐는 물음에 아이가 대답했다.

"안아주세요."

품 안에 아이를 꼬옥 안아주었다. 그런데 이렇게만 하면 되는 걸까? 방금 전까지만 해도 얼굴이 빨개진 채 힘을 주며 잔뜩 화를 내던 아이에게 너무 약소한 방법이 아닌가 싶은 생각이 들었다. 뭔가 더 구체적으로 아이의 화난 마음을 풀어줄 방법이 있어야 하는 건 아닐까?

아이의 등을 토닥이며 방법을 생각해보았다. 목욕을 하자고 해볼까? 레고를 하자고 해볼까? 20까지 천천히 숫자를 세어보자고 할까? 고민 끝에 아이에게 숨을 크게 내쉰 후에 천천히 숫자를 세어보자고 했다. 그러면 몸속에 있던 화가 밖으로 나올 것이라고 설명해주었다.

잠시 뒤, 진정이 되었다는 아이. 그런데 아이의 표정은 그렇지 않아 보였다. 말과 다른 아이의 표정이 아른거리며 무언가 중요한 것을 놓친 것 같은 찜찜함이 한동안 마음을 무겁게 했다. 그러다 《가만히 들어주었어》로 그 해답을 찾았다.

주인공 테일러는 열심히 노력해 블록으로 놀라운 것을 만들어낸다. 뿌듯해하며 자신이 만든 블록을 만끽하려는 순간 새 무리가 지나가는 바람에 애써 만든 블록이 모두 무너져버리고 마는데… 침울해하는 테일러 곁으로 동물 친구들이 나타나 위로를 건네기 시작한다. 어떻게 된 일인지 말해보라며 부축이거나, 화가 난 만큼 소리를 지르라고 하거나, 블록을 쌓아준다고 하거나, 대수롭지 않게 넘기라고 조언을 건네면서 말이다.

테일러에게 다가와 제각기 조언을 건네는 동물들의 모습에서 그동안 아이의 문제를 빨리 해결해주고 싶어 고민했던 내 모습이 보였다. 그 순간 테일러에게 필요했던 건 드라마틱하고 구체적인 해결 방법이 아니었다. 감정을 정리하고 회복할 시간이 필요했고, 그 시간을 묵묵히 함께해줄 누군가가 필요했던 것뿐.

개운하지 않았던 아이의 그날 표정을 보고 마음이 무거웠던 이유를 알 것만 같았다.

화난 마음이 괜찮아질 때까지 혼자 기다리는 일이 힘드니 '안아주세요'라고 말했던 아이였는데, 그 마음에 '그랬구나'라며 제대로 공감해주지 못했으니 아이 입장에서도 찜찜한 기분이 들었을 것이다.

아이와 《가만히 들어주었어》 그림책을 함께 보았다. 화가 났던 그날, 엄마가 안아주면 된다고 했던 말들이 그림책 속 토끼처럼 함께 있어주면 된다는 말이었는데 제대로 알아주지 못한 것 같아 미안하다고 말해주었다.

그 말에 아이가 입꼬리를 늘려 웃었다. 아이의 웃음을 보는 순간 알았다. 개운한 마음이 담긴 진짜 티 없이 맑은 진짜 웃음이었다는 것을.

아이들의 싸우는 소리, 우는 소리, 칭얼거리는 소리에 마음이 바빠질 때가 있었다. 어쩌면 나는 아이들의 화에 '공감'하고 싶은 마음보다 그 상황을 빨리 해결하고, 벗어나고 싶었던 마음이 더 컸었나 보다.

그런데 급하게 상황을 수습해 보니 마음에 찜찜함이 생기고 제대로 해결되지 못한 아이들의 숨겨진 화는 이후에 더 큰 분노로 이어질 때가 많았다. 육아를 장기전이라 생각하니 빠른 수습보다는 아이가 스스로 힘들고 불편한 마음을 견디고 일어설 수 있도록 옆에서 기다려주는 노력이 더 효과적임을 실감하는 중이다.

아이들과 내 감정을 분리하니 좀 더 쉬웠다. 아이들의 감정은 아이들 것이니 엄마인 내가 나서서 급하게 해결해주지 않아도 되는 것이라 생각했다. 그저 옆에서 아이들이 스스로의 감정을 잘 회복할 수 있도록 아무 말 없이 안아주거나, 등을 쓸어주거나, 손을 잡고 고개를 끄덕여주는 행동만으로도 충분히 효과가 있음을 매번 경험한다. 아이가 왜 화가 났는지, 어떻게 하고 싶었는지에 대한 이야기는 아이가 감정을 회복한 뒤 나눠도 늦지 않다는 사실을 이제는 안다.

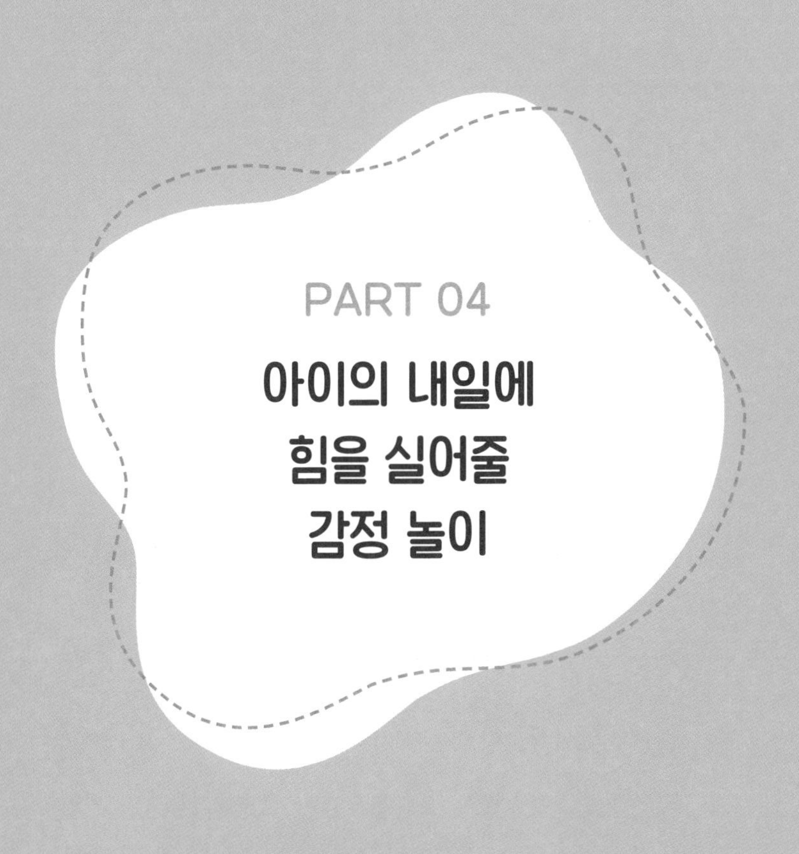

PART 04

아이의 내일에 힘을 실어줄 감정 놀이

너의 마음을 언제나 엄마가 함께해

아이에게 말해주세요

마음이 힘들 때면 엄마의 응원과
위로가 듬뿍 담긴 '호'를 기억해

마음을 위로하는 호호밴드

“가방을 가지러 가려고 했던 것뿐인데 A가 ‘저리 가!’라면서 밀어냈어요.”

“B가 갑자기 나랑 안 논데요. 그러더니 다시 놀자고 해요. 왜 그런지 모르겠어요.”

“C는 화를 너무 자주 내요. 건물이 흔들릴 정도로 소리를 질러서 귀가 아파요.”

“D는 친구들을 자꾸 밀어요. 계단에서 밀어서 나도 넘어질 뻔했어요.”

“난 그 수업 하기 싫어요. 지루하고 재미없어요.”

“친구들은 그 놀이를 왜 하는지 모르겠어요. 난 안 하고 싶어서 혼자 다른 걸 하고 놀아요.”

여섯 살에 유치원 생활을 시작한 아이는 처음으로 단체 생활을 하며 집에서는 겪어본 적 없는 불편한 상황들을 하나씩 마주했다. 속상해하고 힘들어하는 아이를 보니 마음이 좋지 않았다. 뛰어놀면서 넘어지고 부딪히며 생긴 상처라면 그에 맞는 처치를 해주면 되지만, 눈에 보이지 않는 감정의 문제기에 다소 복잡하고 어려웠다. 그렇다고 아이를 일일이 따라다니며 개입할 수도 없는 노릇이었다.

엄마 품이 아닌 곳에서 겪는 상실감, 분노, 곤란함, 절망, 외로움 등 갖가지 불편한 감정들을 겪는 아이를 보며 엄마의 역할을 고민하던 중 《안녕, 나의 보물들》 그림책을 만났다.

《안녕, 나의 보물들》은 어수선한 집에서 뛰어노는 다른 형제들과 달리 조용하고 편하게 지낼 방법이 필요한 틸리의 이야기다. 틸리는 자기 방 입구 계단 밑에 자신에게 즐거움을 주는 보물들을 남 몰래 숨겨두고 꺼내보는 것을 좋아한다. 하지만 어느 날, 집 전체에 새로운 카펫이 깔리는 바람에 더 이상 자신의 보물을 꺼낼 수 없게 된 틸리.

상실감에 무미건조한 일상을 보내던 틸리는 생각을 바꾼다. 비록 만질 수는 없지만 여전히 그곳에 자신의 보물들이 있다는 것을 느낄 수 있다고. 그리고 새로운 보물을 다시 찾기 시작한다.

만질 수는 없지만 그곳에 있음을 알기에 전해지는 위안. 그 위안이 내가 엄마로서 아이들에게 줄 수 있는 마음과 닮아 있다는 생각이 들었다. 엄마가 항상 따라다니며 곁에 있어줄 수는 없지만 엄마가 항상 응원하고 있다는 마음을 어떻게 전할 수 있을까 고민하던 중 밴드를 가지고 노는 아이들이 눈에 띄었다.

아이들의 밴드 사랑은 남다르다. 특히 둘째 아이는 상처에 붙이는 용도 외에도 밴드를 붙이고 뜯는 재미로 가지고 노는데, 나름 소근육 발달에 좋을 거라고 합리화하며 마트나 약국에서 흔쾌히 사주는 사치품이 된 지 오래다.

아이들이 좋아하는 밴드에는 기가 막힌 효능이 한 가지 있다. 아프다고 우는 아이에게 밴드를 붙여주기만 하면 웬만한 통증 정도는 쉬이 낫는다는 것이다. 상처의 유무, 크기에 관계없이 아프다며 우는 아이에게 밴드를 붙여주면 금세 눈물을 그칠 때가 많다. 게다가 밴드를 많이 붙이면 덜 아프다고 생각하는지 엄마가 '아야!' 소리를 내기라도 하면 둘째 아이는 쪼르르 달려와 밴드를 여기저기 덕지덕지 붙여주기 일쑤다.

그 모습을 지켜보니 아이들에게 밴드란 자신의 아픔을 누군가 살펴봐준다는 상징적인 의미가 있어 보인다. 아픈 자신에게 누군가 다가와 괜찮은지 살펴봐주고, 입으로 호 하고 상처를 불어주는 행동들이 어쩌면 '난 이제 괜찮아지겠구나' 하며 안도감을 느끼게 하는 상징적 도구일지도 모른다.

회복에 효과가 좋다고 느끼고, 휴대가 간편해 아이들이 즐겨 가지고 노는 밴드라면 아이의 상처 뿐만 아니라 엄마가 없는 곳에서 겪는 힘든 마음을 위로해줄 수 있는 아이템이 되지 않을까 하는 기대가 생겼다.

구급상자에서 잘라 쓰는 밴드를 꺼내 밴드를 크고 작은 하트 모양으로 여러 개 잘랐다. 그리고 나서 상처를 살필 때처럼 잘라진 밴드에 정성스럽게 호 하고 입김을 불어넣었다.

“이 하트 모양 밴드는 엄마의 ‘호’가 담긴 밴드야. 엄마가 없을 때 속상하거나 힘든 일이 생기면 마음 쪽에 한번 붙여봐. 엄마의 ‘호’가 담겨 있으니 기분이 조금 괜찮아질지도 몰라.”

엄마가 해주는 ‘호’의 효과를 아는 아이는 금세 엄마의 의도를 알아차렸다. 나머지 하트 모양 밴드에도 하나하나 정성스럽게 엄마의 ‘호’를 담아 아이에게 건넸고, 엄마의 ‘호’가 담긴 밴드를 받은 아이는 밴드를 장식해 오직 자신만을 위한 ‘호호밴드’를 만들었다. 호호밴드가 작은 케이스 안에 모였다.

“이 밴드, 언제 붙일 수 있을까?”
“마음이 힘들 때요.”
“요즘 마음이 힘들 때가 있었어?”
“정우가 내가 힘들게 만든 것들을 망가뜨렸을 때요.”
“그럼 어디에 밴드를 붙이면 좋을지 잘 찾아보고 한번 붙여봐. 엄마의 ‘호’가 듬뿍 담겨 있으니 효과가 있을 거야.”

호호밴드 작업이 끝날 즈음, 낮잠을 자던 둘째 아이가 일어났다. 잠을 설쳤는지 잠에서 깨자마자 울음을 터트린 아이를 달래고 있는데, 첫째 아이가 방금 만들기가 끝난 따끈따끈한 호호밴드 하나를 가지고 와 동생에게 말했다.

“정우야. 형아가 호호밴드 붙여줄까?”
“이거 마음이 힘들 때 붙이는 밴드인데 형아가 정우 하나 붙여 주려나 보다. 정우 붙여볼 거야?”

굳이 대답하지 않아도 밴드 사랑이 넘치는 둘째 아이의 오케이 대답에 호호밴드가 첫 개시를 했다. 둘째 아이의 눈물이 금세 멈추는 것을 보니 엄마의 마법이 이번에도 통했나보다.

마음을 위로하는 호호밴드

엄마의 응원에 힘이 나요

상처를 불어주던 엄마의 '호'를 밴드에 담아보는 놀이입니다. 엄마가 곁에 없는 곳에서 불편한 감정을 느낄 때 엄마의 '호'가 담긴 밴드를 보며 엄마가 곁에 있다는 위안을 느껴봅니다.

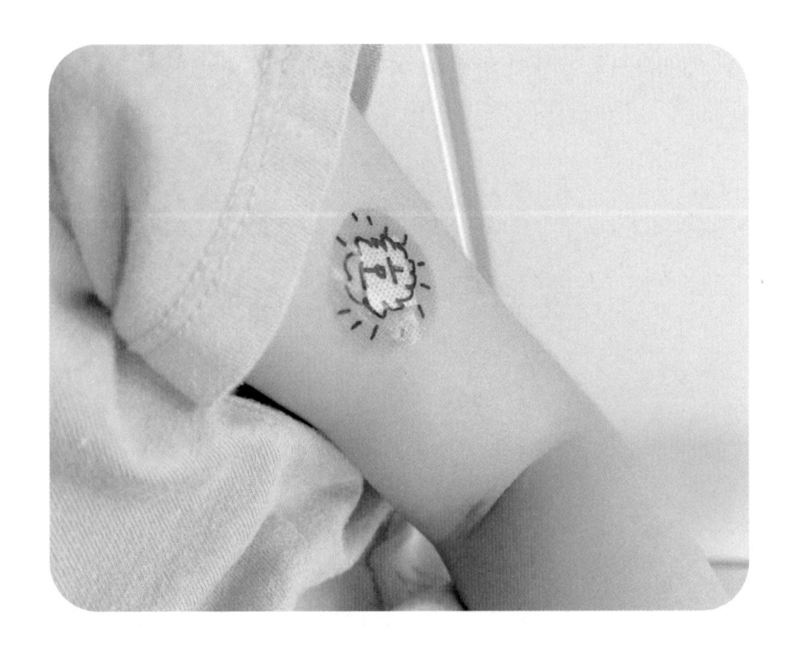

준비하기

잘라 쓰는 밴드, 일반 밴드, 가위, 유성펜

1 잘라 쓰는 밴드를 원하는 모양으로 자릅니다.
2 자른 밴드와 일반 밴드에 엄마의 입김을 '호' 불어 아이에게 건네줍니다.

Tip 엄마의 입김이 실감 나게 담길수록 효과 좋은 호호밴드가 됩니다.

3 엄마의 '호'가 담긴 밴드를 꾸며봅니다.
4 완성된 호호밴드를 적당한 상자에 넣어 보관합니다.

Tip 아이에게 호호밴드를 언제 붙이고 싶은지 물어보고, 아이의 모든 마음에 엄마의 '호'가 함께한다는 마음을 전해주세요.

보이지 않지만 자라고 있어

아이에게 말해주세요

좋은 결과를 위해 과정을 꾸미지 않고,
정직하게 노력하는 사람이 되기를 바라.

정직함으로 피어나는 꽃

'누가 먼저 정리하나 보자.'
'지금 안 먹으면 ○○가 먹는다.'
'지금 안 하면 ○○이가 할 텐데….'

아이들의 일상에는 무심코 경쟁을 부추기는 어른들의 말이 있다. 나 역시 그러한 말들을 자주 들으며 자란 터라 특별한 문제의식 없이 사용하던 말이었다. 그런데 문득 그 말을 듣고 있다 보니 어른인 나도 괜히 경쟁에서 이겨야 할 것 같은 기분이 든다. 아이들은 앞으로 경쟁을 부추기는 말들을 얼마나 많이 듣게 될까? 혹시 이겨야 한다는 부담과 지면 안 된다는 불안함이 나의 부족함을 돋보이게 할까 봐 목표와 부족한 능력 사이의 틈을 거짓된 마음과 행동으로 채우게 되지는 않을까 염려가 된다.

《빈 화분》은 꽃을 좋아하는 임금님이 후계자를 정하기 위해 나라 안 아이들에게 꽃씨를 주면서 꽃을 잘 피우는 아이에게 왕위를 물려주겠다는 미션으로 이야기가 진행된다. 그중에서 주인공 핑은 꽃을 좋아하는 아이로, 꽃을 피우는 일이라면 자신이 있기에 핑도 임금님에게 꽃씨를 받으러 나선다. 시간이 흘러 임금님에게 꽃씨를 받았던 아이들이 각자 화분에 화려한 꽃을 피워 임금님을 만나러 왔다. 그 틈 속에 핑만이 빈 화분을 들고 있었다. 그러나 사실 임금님이 아이들에게 건네준 씨앗은 물에 삶은 씨앗으로 절대 싹을 틔울 리가 없었다.

그 사실을 알 리 없는 아이들은 꽃이 핀 화분을 들고 해맑게 웃고 있었고, 빈 화분을 들고 온 핑을 놀리기까지 하니 그 모습이 '넌 왜 그렇게 융통성이 없니? 씨앗을 진짜로 키워보려고 했어?'라는 비웃음 같기도 하다.

아이들에게 종종 과정보다 결과가 중요해 보일 때가 있다. 얼마나 많은 책을 읽었는지, 얼마나 한글을 빨리 뗐는지, 영어를 잘 읽고 쓰는지가 중요하고, 심지어 좋은 학교를 가면 좋은 사람인 것처럼 대우받는 모습도 어렵지 않게 찾아볼 수 있다. 마치 좋은 결과만 있으면 과정은 상관이 없는 듯 삶아진 씨앗에서 꽃이 피는 것을 당연하게 여기고 있지 않은지 지금 우리의 모습을 돌아보게 만든다.

아이와 정직한 노력으로 채워지는 성장에 대한 이야기를 해보기로 했다. '숙제 잘했네'와 같은 결과의 칭찬이 아닌 '하고 싶지 않았을 텐데 애썼어'라며 눈에 보이지 않는 노력에도 가치가 있다는 것을 알려주고 싶어서였다.

흰 종이에 적당한 크기로 꽃을 그린 뒤, 모양을 따라 오려주었다. 그리고 꽃봉오리 한가운데에 '당신의 정직한 노력이 100만큼 채워졌습니다'라는 문구를 써넣고 꽃잎을 모아 스테이플러로 고정해두었다.

아이를 불러 닫힌 꽃봉오리를 보여주며 꽃을 피워보지 않겠냐고 물었다. 꽃줄기와 꽃잎마다 나뉜 칸들을 모두 색칠하면 꽃이 피어날 거라고 했다.

그렇다면 언제 칸을 색칠하면 되는 걸까? 아이 스스로 무언가를 해보려고 애쓰는 순간, 하고 싶지 않은 일이지만 해야만 하는 일이기에 해내려 애쓰는 순간, 다른 사람들에게 불편을 주지 않기 위해 행동을 조절하려고 애쓰는 순간 등 아이가 애쓰고 노력하는 찰나의 순간에 칸을 채우기로 했다.

그렇게 시작한 꽃 피우기. 일상에서 아이가 애쓰는 노력들이 정직하게 하나씩 하나씩 모이기 시작했다. 아이는 낑낑대면서도 이불을 갰고, 몸을 배배 꼬면서도 숙제를 끝까지 해냈다. 주말에 가족들과 산에 오를 때에도 힘들지만 쉬어가며 결국엔 목표했던 지점까지 올랐다. 또래보다 체격도 크고 힘이 센 아이가 자신보다 힘이 약한 동생을 배려해 힘을 조절하면서 놀아주었고, 밥을 먹기 위해 찾아간 음식점에서 의자를 들어 조심히 옮기는 모습 등을 지나치지 않고 말로 짚어주었다. 그때마다 꽃의 칸이 하나씩 칠해졌다.

하루하루 노력의 흔적들이 모여 꽃의 색이 모두 채워지고, 마침내 꽃봉오리를 열어 볼 수 있는 날이 왔다. 아이가 조심스럽게 꽃잎을 하나씩 펼치니 꽃봉오리 안쪽에 미리 써둔 문구가 조금씩 나타났다.

'당신의 정직한 노력이 100만큼 채워졌습니다.'

물질적 선물을 기대했는데 실망한 건 아닐까 싶어 아이의 반응을 유심히 살피며 물어보았다. 아이는 조금 실망했다고 했다. 아이에게 《빈 화분》 이야기를 해주었다.

"이 칸을 채우면서 애쓴 정직한 노력들이 지금 너의 몸에 차곡차곡 쌓여 있을 거야. 지금은 당장 그럴듯한 결과가 없어서 섭섭하겠지만, 언젠가는 그 노력이 모여서 반드시 눈에 보이는 날이 올 거야. 한번 기다려보자."

아이에게 꽃을 한 번 더 피워보겠냐고 슬쩍 물어보았다. 싫다고 할 것 같았던 아이에게서 재미있는 대답을 들었다.

"그럼 또 하고, 또 하고, 또 하면 꽃밭이 되겠는데요?"

아이의 말대로 노력이 모여 꽃밭이 되는 상상을 해본다. 얼마나 멋질까? 서두르지 않고, 조금 느린 시선으로 아이들을 바라보기로 했다. 그래야 아이들이 노력하는 찰나를 눈에 잘 담을 수 있을 테니 말이다.

벗어놓은 신발을 가지런히 놓고, 먹고 난 그릇들을 스스로 정리하는 것처럼 당장 크게 눈에 띄지 않던 모습들이 하나씩 눈에 띄기 시작했다. 그 모습을 따라가니 아이에게 조용히 채워지고 있는 사소한 애씀들이 언젠가 꽃을 피우기 위한 귀한 거름이 될 거라는 믿음이 생긴다.

아이들이 정직하게 자라면 좋겠다. 좋은 결과를 위해 과정을 꾸미지 않고, 거짓된 술수를 먼저 배우지 않고, 실패해도 괜찮고, 좀 부족해도 괜찮다고 생각하면서 말이다.

아이들의 정직한 성장을 위해 나의 정직함도 함께 키우기로 했다.

정직함으로 피어나는 꽃

노력하는 과정의 아름다움을 배워요.

아이의 노력을 알아차리고 과정을 칭찬하는 놀이입니다. 아이의 노력으로 색을 채우고, 꽃을 피운 경험으로 당장 결과가 눈에 띄지 않더라도 언젠가 꽃을 피우는 과정이라 생각하며 내가 애쓴 노력에 집중해봅니다.

준비하기

종이, 가위, 펜, 스테이플러, 색연필

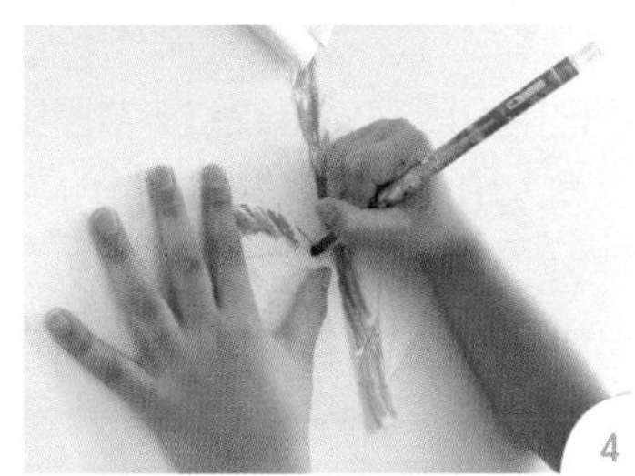

1 종이에 적당한 크기의 꽃을 그려 오리고 줄기와 잎에 아이가 색칠할 수 있도록 칸을 나누어 그립니다.
2 꽃봉오리 안쪽에 '당신의 정직한 노력이 100만큼 채워졌습니다'라는 문구를 써넣습니다.

Tip '아이스크림 한 개'처럼 아이가 좋아할 만한 간식 쿠폰을 넣어주어도 좋아요.

3 꽃잎을 한곳으로 모은 뒤 스테이플러로 고정시킵니다.
4 일상에서 아이가 노력한 순간을 발견할 때마다 한 칸씩 칠합니다.
5 칸을 모두 칠했을 때 아이 스스로 꽃잎을 열어 꽃을 피워봅니다.

Tip 아이에게 자신이 애쓴 노력들이 눈에 보이지 않아도 하나씩 채워져 언젠가 꽃을 피울 거라는 이야기를 해주세요.

'나다움'을 지키며 자라길 바라

아이에게 말해주세요

어떤 일이 익숙해지는 데 훈련이 필요한 것처럼
나를 알아가는 일도 꾸준함이 필요해.
매일 나의 예쁨과 소중함을 키우고, 좋아하는 것에 집중하면서
나다운 모습을 잘 지키기를 바라.

이게 나야! 나!

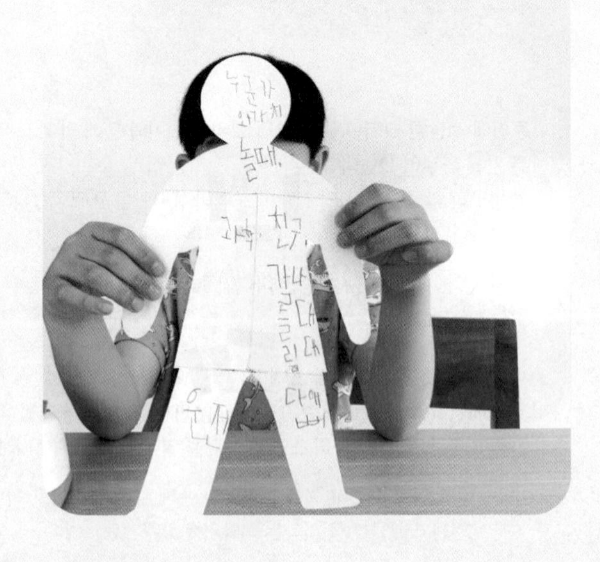

《이게 정말 나일까?》는 주인공인 지후가 자신을 대신해 불편한 일들을 해줄 복제 로봇을 집 안에 들이기 위해 벌이는 '가짜나 작전'으로부터 시작된다. 지후는 자신을 대신할 도우미 로봇을 구입하고, 그 로봇이 가짜임을 들키지 않고 자신의 역할을 맡아서 할 수 있도록 로봇에게 자신이 어떤 사람인지 설명한다.

그런데 나를 알아간다는 것은, 그리고 나를 설명한다는 것은 그림책 속 지후의 말처럼 생각보다 어렵고, 말로 표현하기 쉽지 않다. 다른 누군가에게 비춰지는 모습으로 나를 정의할 때도 있고, 바쁘다는 핑계로, 어쩌면 내가 나를 알아가야 한다는 생각조차 하지 못한 채 내가 어떤 사람인지 잊고 살아가기도 하니 말이다.

아이와 함께 나를 알아가는 연습을 해보고 나다움을 지키는 마음을 나눠보기로 했다.

사람 모양으로 종이 네 개를 자른 뒤 사람 모양마다 선을 그어 다섯 개의 칸을 만들었다. 각각의 칸 안에 자신에 대한 이야기를 채우기 위해서였다. 네 개의 사람 모양 중 하나는 아이, 하나는 엄마, 나머지 두 개는 가족 중 누구로 할까 고민하다 아빠와 이모로 정했다.

아이와 함께 나를 알아가기 위한 질문을 찾아보기로 했다.

'내가 배우고 있는 여러 가지 일 중에 가장 재미있는 일'
'나를 즐겁게 해주고, 하고 나면 에너지가 채워지는 일'
'지금은 하고 있지 않지만 앞으로 해보고 싶은 일'
'내 몸에서 내 마음에 쏙 드는 부분'
'나의 마음을 불편하게 하는 일'

아이는 현재 배우고 있는 일들에는 신발 가지런히 벗기, 손 잘 씻기, 이불 정리, 화난 마음 조절하기 등이 있다고 알려주었다. 이어서 지금 배우는 것들 중에는 과학이 가장 재미있다고 답했고, 누군가와 놀 때 에너지가 채워진다고 했다. 지금은 하고 있지 않지만 나중에 운전을 배워보고 싶다고 했고, 친구들을 툭툭 치고 다니며 노는 같은 반 아이를 나를 불편하게 만드는 일로 꼽았다. 다섯 개의 질문에 대한 답을 내 몸에 그려진 다섯 개의 칸 안에 각각 적었다.

나도 아이에게 했던 질문에 대한 답을 내가 가진 사람 모양에 채웠다. 아빠와 이모에게는 전화를 걸어 질문에 대한 답을 전해 들은 뒤 사람 모양에 채워 넣었다. 네 개의 사람 모양에 나누어진 칸들을 선을 따라 모두 오렸다. 그리고 잘려진 여러 조각들을 모아 한데 섞었다. 그사이 아이가 눈치 채지 못하게 아무것도 적히지 않은 사람 모양을 다섯 조각으로 잘라 조각 더미들 속에 슬쩍 끼워 넣었다. 뒤섞인 더미를 보며 아이에게 말했다.

"우리는 이렇게 다른 사람들과 함께 살고 있어. 함께 지내다보면 서로에게 좋은 영향을 주고받을 때도 있지만, 때로 주변 사람들에게 휩쓸리다 보면 나를 솔직하게 드러내는 일이 어려울 때도 있을 거야."

다른 사람들과의 뒤섞임 속에서도 나에 대해 집중하고, 나를 위한 일을 생각하다보면 어떤 바람에도 흔들리지 않는 내가 될 수 있을 거라고 말해주었다.

"뒤섞인 조각 속에서 내 것을 다시 찾아서 붙여볼 수 있겠어?"
"애써 가위로 잘랐는데 왜 또다시 붙여야 해요?"

아이의 말에 조각 더미를 향해 입김을 후 불었다. 작은 입김에도 조각들이 가볍게 흩어졌다.

"다른 사람들 속에 섞여 있는 나를 하나씩 찾아서 단단하게 붙여주는 과정이 중요해. 그렇지 않으면 주변의 작은 입김에도 이렇게 훅 날아갈지도 모르니까."

아이가 고개를 끄덕이더니 그런 이유라면 초강력으로 붙이겠다며 자신의 조각을 찾기 시작했다. 나도 덩달아 조각 더미들 속에서 나의 조각들을 찾았다. 아빠의 조각은 아이가, 이모의 조각은 내가 대신 찾아주었다. 조각을 주섬주섬 찾던 아이가 장난기가 발동해서는 능청맞게 아빠의 조각 하나가 자신의 것이라고 했다. 아빠의 조각은 이미 맞춰놓은 아이의 모양에 맞지 않고 미묘하게 어긋나 있었다.

“다른 사람의 것을 내 것이라고 생각하면 이렇게 어긋난 모습이 될걸? 이것 봐. 서로 맞지 않잖아. 그러니 진짜 나의 조각을 찾아야 해.”

그 말에 아빠의 조각을 내려놓고 자신의 조각을 찾으려던 아이가 이번에는 조금 전 내가 아이 몰래 슬쩍 끼워 넣었던 아무것도 쓰여 있지 않은 빈 조각을 발견했다.

“어? 여기에는 아무것도 안 적혀 있는데요?”

일단 빈 조각들도 함께 찾아서 사람 모양으로 단단하게 붙여주자고 했다. 잠시 뒤 아이와 나, 아빠, 이모, 그리고 빈 사람까지 모두 각자의 원래 모습을 찾아 단단해졌다. 잘 붙여진 아이의 모양 옆으로 아무것도 쓰여 있지 않은 빈 사람 모양을 나란히 두었다.

"아무것도 적히지 않은 사람 모양은 내가 좋아하는 일이 뭔지, 싫어하는 일이 뭔지, 하고 싶은 일이 뭔지, 하고 싶지 않은 일이 뭔지 모르는 우리의 모습이야."

나 자신에 대해 알지 못하고 비어 있는 모습은 꽤 힘들고 슬프다고 말해주었더니, 아이는 다시는 조각들이 흩어지지 않도록 단단히 붙여줄 거라며 테이프를 떼어내 겹겹이 붙여주었다. 비로소 단단히 붙은 우리의 모습을 보며 아이에게 말했다. 자라면서 나에 대한 것들을 잃어버리지 않고 잘 가지고 있기를 바란다고. 쉽지 않은 상황이 오더라도 다시 나에게 온전히 집중하면 괜찮을 거라고.

그날 저녁, 아이는 퇴근한 아빠에게 벽에 붙은 우리의 모습을 보여주며 나를 채우는 오늘의 이야기를 조잘조잘 전해주었다. 그런 아이를 보며 생각했다. 나를 채워보고, 내가 흩어지지 않게 단단하게 붙여본 손끝의 기억으로 언젠가 흔들리고 휘청거리는 날이 왔을 때 '그래, 지금은 흩어진 나를 단단히 붙여줄 때야'라며 힘을 냈으면 좋겠다고 말이다.

이게 나야! 나!

나를 알면 나다운 모습이 보여요

분명하지 않은 나의 모습을 흩어진 조각을 이용해 이미지로 보여주고, 무리 속에 섞인 나의 조각들을 하나씩 찾아 붙여보면서 나다움을 찾고 단단하게 지키는 경험을 해봅니다.

준비하기

흰 도화지, 가위, 연필, 테이프

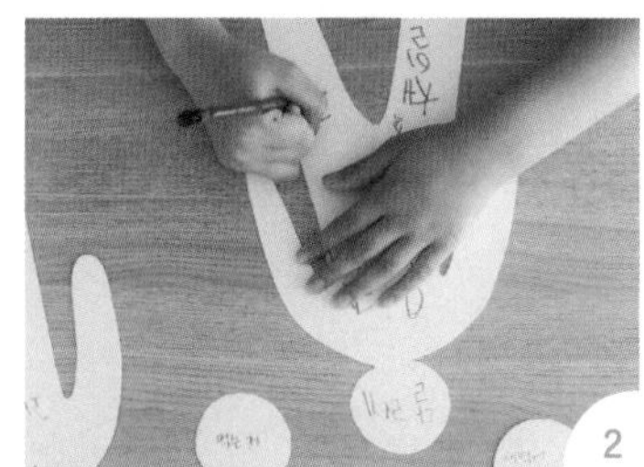

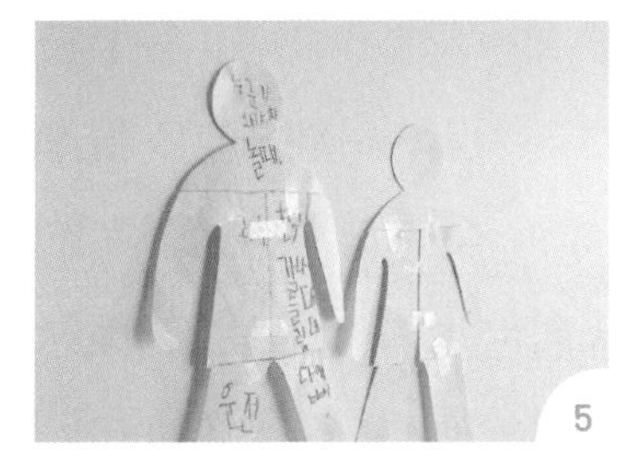

1 흰 도화지에 사람 모양의 실루엣 여러 개를 그린 후 오립니다.

Tip 각각의 실루엣은 아이, 엄마, 아빠, 형제, 그리고 빈 사람이 됩니다.

2 실루엣을 다섯 칸으로 나누고, 나를 나타내는 질문 다섯 개를 만들어봅니다.

Tip 내가 좋아하는 일, 나를 즐겁게 하는 일, 배우고 싶은 일 등의 질문을 만들어요.

3 2에서 만든 질문한 답을 실루엣의 칸에 채우고 각각의 칸을 가위로 오립니다.
4 자른 조각들을 한데 섞어요. 이때 아무것도 적히지 않은 사람 모양도 아이가 모르게 잘라 조각들 사이에 함께 끼워둡니다.
5 섞인 조각을 입김으로 불어본 뒤, 다른 사람의 힘에도 날아가지 않을 나를 만들기 위해 흩어진 조각들 중에서 '나'에 해당되는 조각을 찾아 붙입니다.

Tip 단단하게 붙은 각자의 모습을 보며 내가 나를 잘 알고 있을 때 나를 가장 잘 지킬 수 있다고 아이와 대화해요.

나무가 자라듯 꿋꿋하게 자라렴

아이에게 말해주세요

비바람에도 가지를 뻗고 이파리가 자라는 나무처럼
크고 작은 일들을 씩씩하게 견디다 보면 언젠가
예쁜 꽃이 피고 탐스러운 열매도 열리게 될 거야.

마인드 플랜팅

"빨리 어른이 되면 좋겠어요."

첫째 아이가 느닷없이 빨리 어른이 되고 싶다는 말을 꺼냈다. 이유를 물으니 사고 싶은 것도 마음대로 사고, 하고 싶은 것도 마음대로 하니까 그렇단다. 클수록 자율성과 주도성이 높아지고 있는 아이는 부모의 허락을 구해야 하는 상황들이 종종 마음에 들지 않는 눈치였다. 아이의 귀여운 툴툴거림에 '나도 그 마음 알지' 하며 저절로 고개가 끄덕여진다.

《어른이 되는 건 쉬운 일이 아니에요》 어쩜 제목을 이렇게 잘 지었는지, 육아를 하다 보니 어른이 되는 일이 얼마나 어려운지 매일 체감하는 중이다. 그 쉽지 않은 어른 생활의 이야기가 동물에 빗대어 그림책에 고스란히 담겨 있다. 원앙은 솔부엉이나 뱀에게 잡아먹히지 않기 위해 태어나자마자 둥지를 벗어나는 용기를 내는가 하면, 잠자리 애벌레는 어른이 되기 위해 40분에서 길게는 두 시간 동안 허물을 벗어야 하는 것처럼 힘이 부치는 그 과정을 견뎌야 어른이 될 수 있다는 이야기가 담겨 있다.

힘든 일들을 겪고 헤쳐 나가면서 어른이 되는 자연의 모습을 생각하며 나무에 빗대어 어른이 되어가는 과정을 아이와 나눠보기로 했다.

아이가 물감 놀이를 하고 난 뒤 남은 종이를 비정형 모양으로 잘랐다. 전지 사이즈의 소포지 두 장을 길게 이어 붙이고 비정형 모양의 색지 중 하나를 골라 소포지 가장 아래쪽에 붙였다.

"이 모양은 지금 아주 작은 나무야. 지금의 너처럼. 그런데 어떤 나무가 될지 아직 잘 몰라. 오늘 이 나무를 한번 키워보려고 해."

다른 모양의 색지 하나를 골라 앞서 소포지에 붙인 색지에 이어붙이며 일부러 나무의 기울기를 비스듬하게 만들었다.

"앞으로 자라면서 말이야. 어쩌면 바람이 불어 이렇게 쓰러질 것 같은 날이 올 때도 있을 거야."

나무 옆에 작은 나무 하나를 더 만들었다.

"어쩌면 그 순간 넘어지지 않게 누군가 잡아줄 수 있지만."

원래의 나무로 돌아와 다시 모양을 이어 붙였다.

"혼자서 일어나야 할 때도 있지."

작은 나무와 연결되는 모양을 붙였다.

"그러다보면 힘이 세져서 이 나무도 누군가가 넘어지지 않게 도와줄 수 있을지도 몰라."

뾰족한 모양을 이어 붙였다.

"어떤 날은 가시가 날아오거나, 무언가에 찔려서 많이 아픈 날이 있을 수도 있고."

구멍이 난 모양을 이어 붙였다.

"마음에 구멍이 난 것처럼 허전하고 쓸쓸한 날도 있을 거야."

어두운 색의 모양을 이어 붙였다.

"천둥이나 먹구름이 앞을 가린 것처럼 불편한 날이 생길 때도 있지."

작게 자른 모양들로 먹구름을 가리듯 어두운 색지 위에 겹쳐 붙였다.

“그때마다 불편함을 이렇게 바로 막아설 수도 있지만.”

불편함을 나타내기 위해 붙인 어두운 색의 모양들을 아이에게 손으로 지그시 눌러보도록 했다.

“때로는 불편함이 저절로 지나가도록 잠시 기다리는 것도 방법이 될 수 있어.”

이번에는 새로운 가지를 만들어 ‘Y’자 모양의 나무가 되도록 만들었다.

“어쩌면 한 번도 가본 적 없는 길을 가게 되어 걱정될 때도 있겠지만, 오히려 그 길에서 정말 좋아하는 것들을 찾게 되기도 해.”

어느새 소포지 끝에 나무가 닿았다. 남은 모양으로 크고 작은 동그라미 몇 개를 오려 아이에게 건넸다. 아이와 나는 나무를 키우는 마음으로 어른이 되는 마음을 잘 키워보자는 의미에서 이 작업을 ‘마인드 플랜팅Mind Planting’이라 부르기로 했다.

아이와 키운 나무를 거실 벽면에 붙였다. 천장까지 닿는 높이의 나무를 아이는 '우성이 나무'라고 불렀다. 그리고는 동생을 불러 옆의 작은 나무를 '동생 나무'라고 알려주었다. 아이에게 앞으로 이 나무가 쑥쑥 잘 자랄 수 있도록 주문을 외워보자고 했다. 그 말에 아이가 두 팔을 높게 뻗더니 주문을 외쳤다.

"쑥쑥! 자라라! 건강하게 쑥쑥! 자라라!"

마인드 플랜팅

어른이 되는 과정을 알아보아요

어려움을 겪지 않고서는 단단하게 자랄 수 없기에 꿋꿋하게 제자리를 버티는 나무처럼 어려움을 견디며 어른이 되어가는 과정을 나무의 성장으로 경험해보는 놀이입니다.

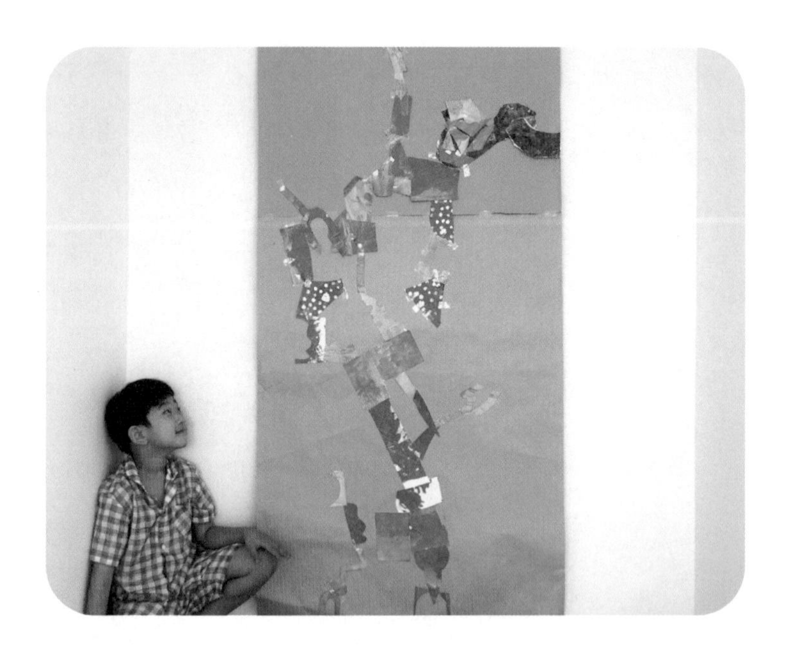

준비하기

소포지, 비정형 모양으로 자른 색지, 테이프

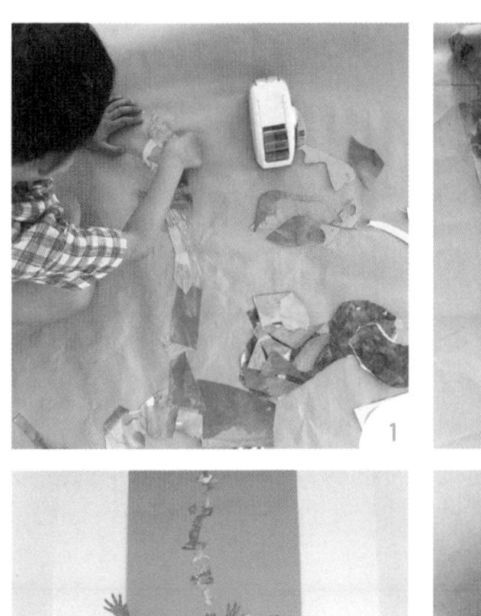

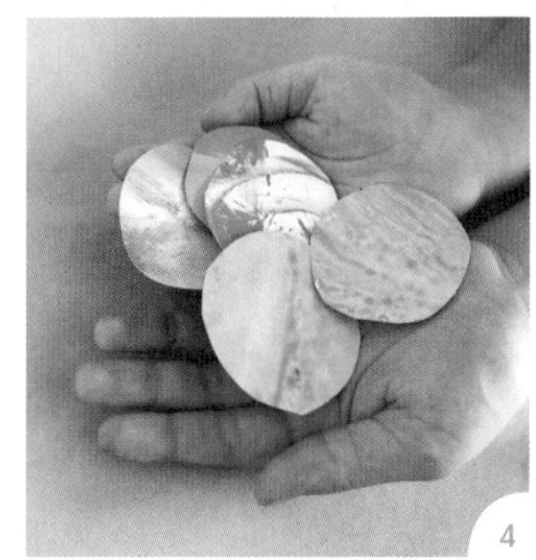

1 두 장을 이어 붙인 소포지의 가장 아래에 비정형 모양 색지 하나를 붙인 뒤, 나무가 자라면서 겪게 될 어려움과 닮은 모양을 찾아 나무에 이어 붙입니다.

Tip "너는 지금 작은 나무지만 앞으로 점점 자라날 거야"라는 이야기를 시작으로 아이의 나무를 만들어봅니다.

2 이야기에 따라 아이의 나무를 점점 키워갑니다.

Tip 구멍이 난 모양 색지를 붙이며 "마음에 구멍이 난 것처럼 허전하고 쓸쓸한 날도 있을 거야"처럼, 색지의 모양과 함께 연관된 설명을 해 주면 좋아요.

3 나무가 소포지 끝에 닿았을 때 작업을 마무리하고, 아이의 성장을 응원하는 주문을 만듭니다.

4 남은 색지를 열매 모양으로 잘라 아이 손에 올려놓습니다.

Tip "언젠가 너의 열매가 생길 날이 올 거야"라는 응원을 전하고 아이의 눈에 잘 띄는 곳에 열매를 둡니다.

태어났으니까 특별한 거야

아이에게 말해주세요

너는 있는 그대로
소중하고 특별한 사람이야.

다정한 말

《중요한 사실》을 읽다가 아이의 웃음보가 터졌다. 그림책 전반에 가득한 다소 허무한 문장들이 아이의 웃음 포인트였다. 나지막한 목소리로 '숟가락의 중요한 사실은…'이라고 운을 뗀 뒤, 뜸을 들이고 나서 '숟가락으로 밥을 먹을 수 있다는 거야'라고 급하게 마무리하며 읽으니 아이는 당연한 것을 왜 굳이 이야기하느냐는 식의 웃음을 내비친다. 이어 다른 것들의 중요한 사실을 알아보기 위해 아이와 함께 주변을 살폈다.

"우성이 베개의 중요한 사실은 우성이를 편하게 해준다는 거야."

운을 떼니 이내 아이도 시계의 중요한 사실에 대해 알려주었다.

"시계의 중요한 사실은 시간을 알려준다는 것이에요."
"어? 엄마에게 거실 시계의 중요한 사실은 좀 달라."
"왜요?"
"사실, 거실 시계 뒤에 커다란 구멍이 있거든. 엄마에게 거실 시계의 중요한 사실은 구멍을 몰래 숨기기 위한 트릭이야."

시계에 가려진 거실 벽 구멍을 아이에게 보여주었다. 사물의 '중요한 사실'을 살피다보니 문득 아이는 자신의 중요한 사실에 대해 어떻게 대답할지 궁금해졌다.

"우성이의 중요한 사실은 뭘까?"

질문을 받은 아이가 잠시 고민하더니 이내 확신에 찬 목소리로 대답했다.

"음… 우성이의 중요한 사실은 우성이가 소중하고 중요한 사람이라는 거예요!"

생각지도 못한 아이의 답변이었다.

"오! 그걸 알고 있어? 그럼 엄마의 중요한 사실은?"
"당연히 엄마, 아빠, 정우 우리 가족 모두 소중하고 중요한 사람이라는 거죠."

여섯 살 아이의 입에서 귀한 대답이 흘러나오는 순간이었다.

"엄마가 생각하는 우성이의 중요한 사실은 우주에서 하나밖에 없는 엄마의 보물이라는 거야. 우주에서 하나밖에 없으니 얼마나 소중해. 게다가 돈으로 살 수도 없으니 아무도 못 가지지. 그런데 그 보물이 엄마에게 있어. 엄마가 얼마나 행복하고 좋은지 알겠지?"

스스로 자신이 소중하고 중요한 사람임을 잊지 않았으면 좋겠다는 소망을 담아 기준치 초과의 오글거림을 담은 엄마의 고백에 아이가 배시시 웃었다.

아이가 한글을 읽기 시작하던 무렵, 집 안 곳곳에 아이에게 해주고 싶은 말들을 붙여놓은 적이 있다. 이제 막 글을 깨우치기 시작한 아이에게 가장 먼저 알려주고 싶은 말들이었다.

'고마워. 정말 고마워.'
'세상에서 하나뿐인 보물'
'네가 짱짱 좋아.'
'따뜻한 마음'

처음 글을 배운 기억 속에 마음이 따뜻해진 기억도 함께 남기를 바라는 마음에 선택한 방법이었다. 아이는 그 말을 따라 읽을 때마다 엄마를 보며 웃었다. 고맙다고, 나도 엄마가 짱 좋다고, 엄마도 나의 보물이라며 웃었다. 작은 말 한마디로 아이의 얼굴에서 웃음이 피어나는 것을 보면서 엄마의 다정한 말 한마디가 아이에게 얼마나 큰 안정감을 주는지, 육아의 '중요한 사실'에 대해 깨닫게 된다.

엄마의 품에서 충분히 안정감을 느낀 아이가 세상의 낯선 것들을 의연하게 받아들일 수 있을 거라 생각했다. 그렇기에 지금 무엇보다 '중요한 사실'은 배움의 결과를 빨리 얻는 것보다 여섯 살 아이의 말처럼 스스로가 소중하고 중요한 사람이라는 사실을 잘 간직하고 키워나가는 것이라 믿었다.

이후 엄마의 마음을 대신하는 말들을 집 안 곳곳에 붙여두는 일이 당연한 일상이 되었다. '소중해'를 화장실 거울에 붙여두었고, '태어났으니까 특별해'를 아이 방 창문에 붙여두었다. 아이가 그 말을 읽었을지는 확인하지 않았다. 그저 오갈 때마다 한 번씩 읽어주고, 안아주는 것으로 충분하다 여겼다.

'틀리는 것도 좋은 경험이야.'
'잘 해낼 때도, 잘 못 해낼 때도 있는 거야.'
'태어났으니까 특별한 거야.'
'오늘은 어떤 추억이 생길까.'
'사랑해. 사랑해. 사랑해.'
'소중해.'

이런 말 한마디들이 모여 아이가 자신의 '중요한 사실'을 키우는 데 힘을 보탤 거라 믿는다.

오늘도 엄마의 사랑과 응원이 담긴 한 마디를 고민한다. 정성을 담아 쓰고 아이들이 잘 보이는 곳에 조용히 붙여둔다.

다정한 말

나는 특별하고 소중한 사람이에요

작은 사물에도 그것만의 중요한 가치가 있듯 아이가 스스로를 중요하고 특별한 사람임을 느끼며 자랄 수 있도록 엄마의 사랑과 응원이 담긴 말들을 나눠봅니다.

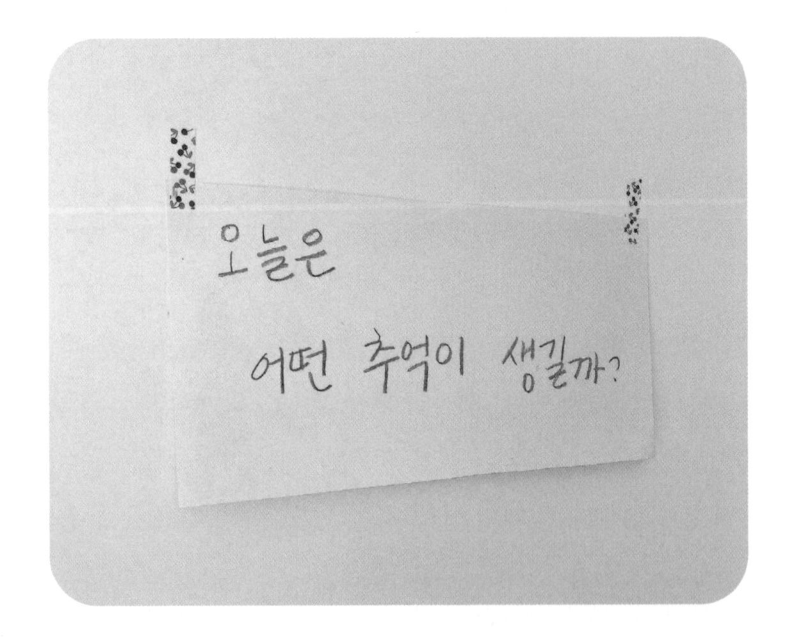

준비하기

종이, 필기구, 테이프

1

2

1 사물의 중요한 가치를 살펴보고, 각자 생각하는 사물의 중요한 가치에 대해 이야기해봅니다.

Tip "컵의 중요한 가치는 물을 담을 수 있다는 것이에요"처럼 주변 사물들의 가치에 대해 이야기해보아요.

2 아이의 중요한 가치에 대해 이야기해보며, 그 가치를 응원하기 위한 문구들을 종이에 적어 아이의 눈에 잘 띄는 곳곳에 붙여둡니다.

Tip '틀리는 것도 좋은 경험이야', '잘 해낼 때도, 잘 못 해낼 때도 있는 거야', '태어났으니까 특별한 거야', '오늘은 어떤 추억이 생길까', '소중해' 등과 같은 문구들을 적어보아요.

가장 안전하고
편안한 사람이 되어주기 위한 노력

종종 아이의 손바닥에 별가루를 뿌리는 시늉을 하고는 유성펜으로 반짝반짝한 별가루를 그려줄 때가 있다. 아이에게 마음의 안정이 필요할 때가 바로 그렇다. 유치원에서 별 스티커를 받지 못해 속상한 날에 스티커를 받지 못하더라도 괜찮다고 응원해야 할 때, 엄마 없이 아빠와 할머니 댁에 가야 했던 날 등 아이에게 마음을 보태야 할 때 주로 사용하는 '엄마의 마법'이다.

“엄마의 응원이 필요할 때나 엄마가 보고 싶을 때 별가루가 그려진 주먹을 꼭 쥐어 봐. 그러면 손바닥의 별가루가 팔을 타고 마음으로 흘러들어가 온 몸에 엄마의 마법이 퍼져서 마음이 단단해질 거야.”

아이들에게 이 방법이 통할까 싶은데… 별가루를 처음 그려주었던 날, 오늘 손을 안 씻을 거라며 주먹을 꼭 쥔 채 유치원을 갔던 아이는 지금도 별가루를 그려주면 지워질까 조심한다. 그리고 필요하면 얼마든지 다시 그려주겠다는 말에 안도하는 엄마의 별가루 애용자다.

마법의 효과를 높이기 위해 엄마는 너에게 가장 안전한 사람이고, 너에게 가장 편안한 사람이라는 믿음을 주는 과정이 필요해 보인다. 그래서 낯간지러운 사랑 고백을 주저 없이 하고, 온 마음을 다해 안아주고, 잠에 들기 전에 네가 얼마나 소중하고 중요한 사람인지 말해주는 것도 잊지 않는다.

매일 밤, 잠이 들기 전 아이들과 ‘소중한 발’을 한다.

“소중한 발, 오늘도 수고했어. 우성이, 정우 다치지 않게 잘 데리고 다녀줘서 고마워. 내일도 잘 부탁해.”

아이들의 발에 로션을 발라주며 하는 말인데, 발을 만져주는 부드러운 촉감과 '소중하다'는 말을 함께 기억하고, 아이들에게 수고한 그날 하루를 편안하게 마무리하는 법을 알려주고 싶어 시작한 일이다. 엄마가 '소중한 발'을 해줄 때 자신이 소중해지는 기분이 든다고 말하는 아이를 보며 아이에게 가장 안전하고 편안한 사람이 되어주겠다고 다시 한 번 다짐하게 된다.

그 외에도 임신 중 뱃속에 있는 아이를 위해 태교 삼아 노래를 만들어 불러주었던 기억으로 아이들의 이름을 넣어 일상에서 수시로 노래를 만들어 부른다. 아이들의 이름을 넣어 노래를 만들어 일상에서 수시로, 특히 아침에 아이들을 깨울 때 불러주니 36개월이 안 된 둘째 아이도 자신의 이름이 들어간 노래를 능숙하게 따라 부른다.

이 노래를 아이들은 종종 할머니, 할아버지 등 식구들의 호칭을 넣어 바꿔 부르기도 하니 아이들을 위한 세레나데였던 노래가 이제는 온 가족이 따라 부르는 애창곡이 되었다.

우성아. 우성아. 우리 우성아
세상에서 가장 예쁜 우리 우성아
온 가족이 모두 모두 우성이를 사랑해
세상에서 가장 예쁜 우리 우성이

정우야. 정우야. 우리 정우야
세상에서 가장 소중한 우리 정우야
온 가족이 모두 모두 정우를 사랑해
세상에서 가장 소중한 우리 정우

엄마의 마법이 언제까지 통할까. 언젠가 엄마 품을 떠나 독립하게 될 아이. 든든한 에너지를 갖고 살아갈 수 있도록 마법의 효과가 다하기 전에 듬뿍듬뿍 쓰기로 했다.

에/필/로/그

그림책에서 찾은 마음, 몸이 기억하는 경험이 되다

"글 쓰는 일이 너무 어렵다."
"엄마, 계속하다 보면 잘하게 될 거예요."

엄마의 고민에 아이가 건넨 대답입니다. 어린아이가 어른의 고민을 어떻게 알까 싶은데, 본질을 꿰뚫어보는 아이의 말에 저절로 고개가 끄덕여지는 일이 많습니다.

브런치에 쓴 글 중 하나가 평소보다 높은 조회 수를 기록하자 앞으로 어떤 마음으로 글을 쓰면 좋을지 아이에게 물었습니다. 엄마의 물음에 한참을 고민하던 아이는 '엄마, 그건 그냥 숫자일 뿐인 거 알죠?'라며 제법 뼈 있는 말을 건넸습니다.

하루는 불만이 있던 아이가 뾰로통해진 얼굴로 방에 들어가더니 한참 뒤에 한 손에 무언가 달랑달랑 흔들고서는 웃으며 방에서 나오던 날이었습니다. 뭘 저렇게 들고 혼자 재미있게 웃나 싶어 살펴보는데, 그림책이라며 만든 것을 보여주더군요. 제목이 '어른들 말은 다 나빠'였습니다. 아이의 불만이 담긴 그 그림책 속에는 발을 동동 구르며 우는 아이의 모습이 그려져 있었습니다. 그 모습이 어찌나 아이의 마음을 잘 표현했는지 '이만큼 화가 났구나' 하며 아이의 화난 마음을 살폈던 기억이 납니다. 아이는 자신이 만든 그림책이 재미있는지 종종 꺼내 봅니다. 큭큭 소리 내어 웃으며 보는 그 모습이 재미있기도 하지만 화난 마음을 숨기거나 참지 않고 잘 전달하려고 애쓴 아이의 노력처럼 보이기도 하니 기특하고 고마운 순간이지요.

이런 아이에게서 수시로 사랑 고백을 듣는 호사도 늘어났습니다. 그림책을 보면 엄마를 좋아하는 마음이 더 커진다 말하고, 화가 나서 무서운 표정을 보여주려고 했는데 엄마 얼굴이 사랑스러워 도저히 화를 낼 수 없다는 아이의 말에 절로 미소가 지어집니다.

그림책을 곁에 두고 내 마음을 이해하기 위해 나누었던 놀이들을 떠올려보니 일상이 편해진 아이만큼 엄마인 나에게도 넉넉한 마음이 자랐음을 느낍니다. 둘째 아이가 제법 자라 일상은 더 분주하고 요란하지만 마음만큼은 예전보다 더 편안하고 좋으니 아이와 나눈 놀이가 나에게도 순한 영향력이 되었음을 알 수 있지요.

불편한 마음이 있었던 날, 그 마음을 아이에게 털어놓으니 아이가 이렇게 말해왔습니다.

"엄마, 마음이 편해지게 도와줄까요?"

그래달라고 하자 아이가 두 손을 쓱쓱 비비더니 손에 남은 열기를 내 가슴에 가져다 댔습니다. 아이가 여섯 살 때쯤 《눈을 감고 느끼는 색깔 여행》 그림책을 읽으며 나누었던 놀이를 기억한 아이의 행동이었지요. 아끼는 지우개를 잃어버린 마음이 검은색 같다고 말하는 아이. 친구와 마음이 잘 맞았던 날은 커다랗고 둥근 모양이 된 것 같다고 말하는 아이를 보며 아이와 함께 했던 지난 놀이가 아이에게 차곡차곡 쌓여 있음을 종종 확인합니다.

《내 아이 감정 놀이》의 원고를 쓰고 있는데, 옆에서 살펴보는 아이에게 원고에 실린 놀이들이 기억나는지 물었습니다.

"그럼요. 지금은 우성이 나무가 없어져서 아쉽지만 벽에 붙여진 테이프 흔적이 있으니 얼마나 크고 멋졌는지 기억이 나고요. 마음 주머니는 내 방에 다시 만들어두고 싶어요. 딱딱해진 점토를 말랑말랑하게 만드는 일은 진짜 너무 힘들었어요."

놀이와 함께 놀이를 했던 그때의 감흥을 기억하는 아이. 그 경험에 대한 기억이 앞으로 아이를 단단하게 이끌어줄 것이라는 믿음이 생깁니다.

매일 아이들을 위한 그림책을 고릅니다. 아이들을 위한 그림책 위로 나를 위한 그림책을 더하고, 최근에는 남편을 위한 그림책도 함께 고르기 시작했지요. 말로 전하기 힘든 말을 대신해줄 그림책을 찾으며, 몸이 기억할 수 있는 놀이를 고민합니다. 그렇게 마음을 나누고, 마음을 키우는 중입니다.

* 다음 그림책들을 읽고 아이와 감정 놀이를 했어요

- 《걱정 상자》 조미자 글그림, 봄개울, 2019
- 《나는 나의 주인》 채인선 글, 안은진 그림, 토토북, 2010
- 《슈퍼 거북》 유설화 글그림, 책읽는곰, 2014
- 《슈퍼 토끼》 유설화 글그림, 책읽는곰, 2020
- 《이게 정말 마음일까?》 요시타케 신스케 글그림, 양지연 옮김, 주니어김영사, 2020
- 《조금만 기다려 봐》 케빈 헹크스 글그림, 문혜진 옮김, 비룡소, 2016
- 《아기 구름 울보》 김세실 글, 노석미 그림, 사계절, 2005
- 《날마다 행복해지는 이야기》 캐롤 맥클라우드 글, 데이비드 메싱 그림, 이상희 옮김, 열린어린이, 2012
- 《컬러 몬스터》 아나 예나스 글그림, 김유경 옮김, 청어람아이(청어람미디어), 2020
- 《괴물이 오면》 안정은 글그림, 이야기꽃, 2020
- 《줄무늬가 생겼어요》 데이빗 섀논 글그림, 조세현 옮김, 비룡소, 2006
- 《화를 낼까? 화를 풀까?》 마더 컴퍼니 글그림, 마술연필 옮김, 보물창고, 2019
- 《짝짝이 양말》 욥 판 헥 글, 마리예 톨만 그림, 정신재 옮김, 담푸스, 2014
- 《나쁜 말이 불쑥》 오드리 우드 글, 돈 우드 그림, 천미나 옮김, 책과콩나무, 2012
- 《곰씨의 의자》 노인경 글그림, 문학동네, 2016
- 《당근 유치원》 안녕달 글그림, 창비, 2020
- 《두근두근》 이석구 글그림, 고래이야기, 2015

- 《도깨비를 빨아버린 우리 엄마》 사토 와키코 글그림, 이영준 옮김, 한림출판사, 1991
- 《마음이 아플까봐》 올리버 제퍼스 글그림, 이승숙 옮김, 아름다운사람들, 2010
- 《가만히 들어주었어》 코리 도어펠드 글그림, 신혜은 옮김, 북뱅크, 2019
- 《안녕, 나의 보물들》 제인 고드윈 글, 안나 워커 그림, 신수진 옮김, 모래알(키다리), 2020
- 《빈 화분》 데미 글그림, 서애경 옮김, 사계절, 2006
- 《이게 정말 나일까?》 요시타케 신스케 글그림, 김소연 옮김, 주니어김영사, 2015
- 《어른이 되는 건 쉬운 일이 아니에요》 채인선 글, 김은정 그림, 한울림어린이, 2011
- 《중요한 사실》 마거릿 와이즈 브라운 글, 최재은 그림, 최재숙 옮김, 보림, 2005

보이지 않는 마음과 놀이가 만나는 시간

내 아이 감정 놀이

펴낸날 초판 1쇄 2022년 1월 27일

지은이 신주은

펴낸이 강진수
편 집 김은숙, 김도연
디자인 임수현

인 쇄 (주)사피엔스컬쳐

펴낸곳 (주)북스고 **출판등록** 제2017-000136호 2017년 11월 23일
주 소 서울시 중구 서소문로 116 유원빌딩 1511호
전 화 (02) 6403-0042 **팩 스** (02) 6499-1053

• 책값은 뒤표지에 있습니다. 잘못된 책은 바꾸어 드립니다.

ISBN 979-11-6760-019-6 13590